光澤亮麗～
閃閃動人～

【圖解】神奇荷爾蒙：
每個女生都會想知道的美膚生理學！

1天1保養 28天荷爾蒙調理法

監修
橫濱元町女性醫療診所．
LUNA理事長
關口由紀

插畫
福地真美

翻譯
陳怡君

沮喪的女性上班族・佐枝子的每一天

拜託！妳也太誇張了吧!!
驚
誰!?
我是小此佳!! 美麗荷爾蒙是也
我是小黃!! 媽媽荷爾蒙是也
我們是女荷雙人組 小此佳&小黃!!
我來說明一下 所謂「女荷」是指 女性荷爾蒙……
雌激素
美麗荷爾蒙，能夠促進肌膚與頭髮的新陳代謝，維持彈性與光澤
黃體素
媽媽荷爾蒙，保護子宮內膜、維持懷孕狀態的必要物質
好像秋葉原系的女孩唷……
緊張 緊張
女人的一生都與「女荷雙人組」脫不了關係啦
一定要時時刻刻都小心地呵護我們，才不會倒大霉唷
是說要把二位放在心上的意思……嗎？
抱歉，妳們說的話
我聽不太懂……
沒錯
佐枝子一直是過著這種生活吧

小雌與小黃眼中
女性上班族佐枝子的
女荷危機生活
早晨經常爬不起來，
沒吃早餐……洗澡也頂多
是沖個澡便交差
快遲到了～
跳過!!
沒關係啦，順便減肥……
即便是寒冬，
依舊穿著細跟的高跟鞋和
露出肌膚的衣服去上班
咦？身為女性絕對不能不穿高跟鞋
鎖骨、手腕、腳踝是一定要露的!!
整天釘在座位上的辦公室工作
忙死了～
午餐吃超商便當
晚飯是啤酒配炸雞
& 甜點
涼麵
冷藏食物
冰冰
涼涼
焦脆
搭末班車回家後直接倒頭就睡
卸妝好麻煩～
唉～累死了～
超睏～
放假日的情況則是如此
中午過後才起床
呼～
已經一點半啦……
蓬頭垢面
發呆～
美食
隨便看個電視節目後
沒上妝就跑去超商和DVD出租店……
啤酒
便當
洋芋片
低卡洋芋片
BEER
今天唯一的一餐
嗚～
好想談一場這種戀愛
淚流滿面
熬夜看DVD迎接星期一的到來

……
回頭看看還真是可怕……
可是……
重新振作
我想現今27歲的女性，生活大概都是這個樣子吧!!
什麼?
唉……
我就說妳得用心地呵護我們才行……
真是的
妳們口口聲聲說要我用心呵護妳們，其實也不過是想要「取暖」吧?
就像是連續穿4雙襪子之類的
不穿高跟鞋才會停止分泌女性荷爾蒙吧
我就是愛漂亮，妳們說的我辦不到
……這樣嗎
唉
那就~♪
從今天起就由我們來教教~
最適合愛漂亮的佐枝子~
調整女性荷爾蒙的方法吧~♡
什麼?有這種方法嗎!?
唉呀，今天完全大遲到啊……

前言

看著女性上班族佐枝子亂七八糟的日常生活，妳的心中是否也暗自跳出驚嘆號：「我也是耶！」呢?因為「工作太沉重必須紓解一下壓力」，於是日以繼夜地暴飲暴食↓沒時間了所以只隨便沖個澡，多爭取一點時間來睡覺，還露出一臉得意的表情。殊不知，這種生活方式實在是大錯特錯啊！

年紀輕、體力又好的時候或許還禁得住，即使覺得疲倦也一下子就恢復了，但這一切都只是錯覺。雖然肉眼看不見，但是不健康的生活習慣會在體內累積惡果，久而久之便會對身體造成負面的影響。因此，即使目前還沒打算生小孩，若是有朝一日「希望有自己孩子」的人，最好從現在開始培養能夠順利懷孕、生產的體質。

沒錯，只要把「女性荷爾蒙」捧在掌心上小心呵護，美麗與順利生產都能夠手到擒來。因為，「女性荷爾蒙」是身體的守護神。調整荷爾蒙維持平衡，就能讓妳的肌膚滑嫩細緻，頭髮亮麗有光澤，成為健康的水潤美人。

本書將會透過小雌與小黃來教導大家認識荷爾蒙，大家不妨跟著佐枝子，一起來做好維護荷爾蒙的工作吧！

推薦序 一本讓妳閃閃動人的好書

陳保仁醫師

曾經有人妙解「好朋友」＝「女子月月友」。女孩子真的期待月經每個月都能友善對待自己，但是如何月月有、月月安呢？這需要大家幫忙，包含下視丘、腦下垂體、卵巢、子宮，在眾多荷爾蒙姊妹的團隊合作下，才能每個月好好地來，好好地走。但即使正常週期，在28天的週期中，還是有許多狀況，有些是生病，有些卻是正常的生理變化。

身為婦產科醫師的我，不論門診時向病患說明疾病或是在媒體及公開場所進行講演，最常提到的專有名詞就是「雌激素（女性荷爾蒙）」、「黃體素」，只是透過短短門診或是節目時間的限制，很難完整傳達，而這本書利用小雌、小黃兩個角色，把月經週期可能的變化、困擾以及解決方案，用圖解及文字簡單搞定。

書中分類小雌是「美麗荷爾蒙－雌激素」，可促進肌膚頭髮的新陳代謝及彈性光澤，小黃是「媽媽荷爾蒙－黃體素」，可保護子宮內膜，協助懷孕進行。當然就專業人士而言是太簡化了，但對於一般人，這是一本「庶民語言」的好書，將女性週期的28天「雌黃」變化搭配身心變化，也建議週期中何時保養、運動、約會，甚至在經前可能心情抑鬱的時候（參考第27天），建議專心待在家裡，關閉電腦電話的打擾，輕鬆解壓。

個人擔任婦產科醫師超過20年，看到健康照護觀念的進展，從配合醫療單位治療、到期待了解配合、以至自行調養照護，這是好趨勢，但是也要小心知識是否正確，Google大神雖然可以告訴你很多知識，卻不保證都是對的，也不保證適合妳的狀況。

期望所有讀者們看過書後，可以跟好朋友保持「月月友」的關係，但是記得……有狀況還是找妳的好朋友——婦產科醫師諮詢喔！

CONTENTS

第3章 下次生理期來臨前的倒數計時！調整荷爾蒙維持平衡 1天1保養計畫月曆

第4章 性感與健康兩立才是王道 妳準備好成為成熟女人了嗎？

登場人物

佐枝子

27歲的上班族，
已經有2年沒有交男朋友了。
對待自己的身體與日常生活
都十分不用心。
最近一直狂冒青春痘
為此相當煩惱。

女荷雙人組

小黃
（黃體素）

能夠「幫助我們成為人母」
的女性荷爾蒙。
平常還滿溫馴的，
但生起氣來可不得了。
興趣是泡溫泉。

小雌
（雌激素）

負責「美麗」課題的
女性荷爾蒙。
個性正經八百，
喜愛新奇的事物。
興趣是玩智慧型手機上
的遊戲。

第1章

什麼是
女性荷爾蒙？

我來正式向大家自我介紹吧!!
es
我的名字是「小雌」
是負責讓女性維持身體美麗與健康的美麗荷爾蒙!!
美麗
附帶一提，我的興趣是玩手機上的遊戲
我的主要工作是創造「女人味十足的身體」
凹凸有致
玲～瓏
我能夠幫助形成膠原蛋白，因此……
可以讓肌膚光滑細嫩
也能使頭髮散發亮麗光澤
什麼？我沒有化妝唷
耶～耶～太棒～了
等等 還不是只有這樣而已唷！
我還能防止骨骼與血管、腦部的老化，抑制膽固醇的增加呢
嗯哼
也就是說
能夠同時維持青春與健康啦
而且還能幫助妳的情緒保持穩定哦!!
嗯嗯，我不想再繼續焦躁不安了～

接下來換我了
我的名字是「小黃」
是能夠幫助妳成為人母的荷爾蒙～
Pro
母
興趣是到處泡溫泉～
我的任務是幫助受精卵著床、維持懷孕狀態，調整子宮的環境
提升基礎體溫
保持身體的水分
增加子宮頸的黏膜
以及在生理期前促進乳腺發達等等
基礎體溫？
水分？
子宮頸黏膜？
乳腺？
懷孕……
呃……
什麼～？
……
反正我目前還沒懷孕，所以只需要小雌的幫忙就行囉
NO!!
肌膚光滑柔嫩當然好囉～
看來妳還是沒有搞清楚耶～
這樣不行喔
唉～
唯有讓我們兩個維持最佳的平衡狀態，才有辦法提升佐枝子的女人味!!
平衡
咦
為什麼!?

「女性荷爾蒙」究竟是何方神聖？

生理期即將報到的前幾天起，下腹就會開始變得沉重，無力、腰痛、便祕、水腫等不舒服的症狀也一個接一個襲來。除此之外，成人型青春痘、黑眼圈、浮腫等也很有可能緊接著登門拜訪，或者是再怎麼努力減肥，體重計的指針卻依舊不見下降。情緒消沉，一點小事就能搞得自己暴跳如雷。等到弄清楚怎麼回事時，生理期也差不多要結束，肌膚回復光滑，心情也開朗多了。為什麼在短短一個月裡，我們的身心會產生如此劇烈的變化呢？一切都是源自於「女性荷爾蒙」的關係。

不同於心臟、腸胃、手腳等擁有「具體形狀」的器官，肉眼是看不到「荷爾蒙」的。雖然抽象，但它的確是人類賴以生存、不可或缺的重要物質。目前人類體內已知的荷爾蒙，就有70種以上。

從腦下視丘或腦下垂體、甲狀腺、卵巢等分泌出來的荷爾蒙，隨著血液被輸送到各個指定的器官，發揮各自的功能。分泌的分量既不能太多，也不能過少，因為荷爾蒙最重要的就是「保持平衡」。

其中的女性荷爾蒙，更是女性朋友們維持美麗與健康的重要根源！腦下垂體接受發自腦下視丘的指令後，會分泌濾泡激素及黃體激素等性腺荷爾蒙。它們會刺激卵巢，促使其分泌雌激素與黃體素。

而小雌（雌激素）與小黃（黃體素），正是對我們的身心產生諸多影響，讓我們忽喜忽憂的祕密。但相對來說，只要能夠掌握她們的特性，了解造成不舒服的原因，就能對症下藥，甚至可以趁身體處於最佳狀況時，想辦法讓自己變得更美麗，為人生開拓更多的可能性。

讓我們維持平衡唷
小雌 & 小黃
女~荷
傻傻雙人組!!
一定要多~加注意……

來自卵巢，感情深厚、合作無間的小雌與小黃

能夠幫助我們維持女性化的美麗外表與健康的小雌，以及一路引導我們懷孕到生產的小黃，這兩種荷爾蒙都是來自於卵巢，透過相互的連動來增減分泌量，彼此緊密相連，關係密不可分。

小雌（雌激素）是能夠塑造女性化特質的荷爾蒙，從青春期開始大量分泌，讓女性的身體變得較圓潤而柔軟。此外，對於美容也有能夠產生正面效果的要素。她能協助形成膠原蛋白，使肌膚變得滋潤有光澤，更是頭髮變得閃亮動人的大功臣。此外，她還能夠預防骨骼、血管和腦部的老化，抑制膽固醇的增加，讓人體維持年輕與健康。在穩定情緒、避免感情劇烈波動上也有顯著的效果。

另一方面，小黃（黃體素）則是協助受精卵著床、調整子宮成為能夠維持懷孕狀態的荷爾蒙。她能提升基礎體溫，保持身體的水分，增加子宮頸的黏膜，避免細菌侵

美麗荷爾蒙！！
小雌
我能幫助妳維持青春與健康哦!!
媽媽荷爾蒙！！
小黃
我能幫助妳成為媽媽唷！

入。她也會在生理期前促進乳腺發達，有時會因此感覺乳房有腫脹感。

通常這兩種荷爾蒙的分泌量會由腦部依照時期下達指令加以調節、增減。但現今三十歲之後女性的生活習慣，卻潛藏了許多會干擾荷爾蒙分泌的大敵。排名第一的就是壓力。另外像是生活作息不正常、睡眠不足、過度減肥等等，同樣也會造成荷爾蒙分泌失調。

荷爾蒙分泌失調最明顯的症狀就是生理週期異常以及出血量、期間的變化。其他還有PMS（經前症候群）比以往更嚴重、肌膚乾燥、指甲容易斷裂、失眠、畏寒、熱潮紅、水腫等等。甚至有人因為平常受到抑制的男性荷爾蒙變得強勢，因而長出鬍子或濃毛等。若是置之不理，將可能導致更可怕的後果！

一生當中，女性荷爾蒙的分泌總量僅有1湯匙!?

關係著女性的美麗與健康的小雌（雌激素）與小黃（黃體素），在我們一生當中所分泌的總量，各自約有1湯匙。「什麼？怎麼這麼少!?」應該有不少人會感到訝異吧。而且這還是每天體內確實有順利生成的分量。負責調整荷爾蒙分泌的指揮官——腦部若是承受過度的壓力，或者是生活作息不正常擾亂了生理節奏，分泌量便會逐漸減少。接下來，我們先看看女性一生體內荷爾蒙的變化過程吧。

從出生到嬰幼兒期、幼兒期，這段時期就已經開始分泌，只是分量非常少。不論男女，女性荷爾蒙對於身心的影響力可說是微乎其微。

正常的分泌始於9歲左右。從這個時候開始一直到18歲，分泌量會越來越旺盛，女性的身體也會逐漸變得圓潤、乳房膨脹，而與男性的身體有所區別。月經也差不多

女性的一生
小雌與小黃的
分泌量
各自只有1湯匙的分量!!

是從這個時候開始出現。不過，尚未成熟的人體若無法跟上女性荷爾蒙急遽增加的腳步，有時候會出現頭痛、倦怠、焦躁等症狀。

過了18歲之後，成長期終止，荷爾蒙也維持在極佳的平衡狀態。小雌（雌激素）的分泌量依舊維持在偏高狀態，高峰則出現在28歲左右。此時身心極少出現不良症狀，就荷爾蒙及身體的狀況來說，算是最適合懷孕、生產的時期。

到了37歲左右，荷爾蒙的分泌量會穩定地逐漸降低。小雌（雌激素）開始變少，肌膚乾燥、斑點、皺紋等變得較以往明顯，有些人甚至會出現白頭髮或頭髮變得稀疏。原本處理起來得心應手的工作漸漸變得力不從心，體力也不如以往。同時，罹患乳癌等疾病的機率也增加了。

從45歲起，小黃（黃體素）的分泌量急遽下降，大多數女性到了閉經的50歲前後，體內的黃體素分泌量也變得幾乎和幼兒時期差不多。這個時期稱為更年期，體內的荷爾蒙較容易失衡，身體也經常出現不舒服的症狀。

卵子的總數量將隨著每次排卵減少，而且會隨著身體一起老化

雖然工作繁忙、外務繁多，現在也還沒有男朋友，但還是想著有朝一日要懷孕、生產——有這樣念頭的女生應該很多吧。為了完成夢想，卵子必須與精子結合並成功受精才行，但要知道卵子的數量是天生注定的，而且會逐日減少，再加上卵子也會「老化」。聽聞這個消息，應該有不少人覺得震驚吧。

在子宮兩側各有一個負責分泌女性荷爾蒙、製造卵子的卵巢，以纖細的韌帶與子宮相連。女性出生後，卵巢中的「原始卵泡」一共有二百萬個左右。相對於男性每天都製造出新的精子，往後這些卵泡並不會繼續製造，出生時擁有的數量已經是最大值。它們會被妥善保存在卵巢內，到了青春期，當腦部下達指令後開始依序成熟為卵子，每個月會有一顆排出卵巢之外，稱之為排卵。一般說來，一生中排出的卵子數量大約有五百個。原始卵泡除了會隨著

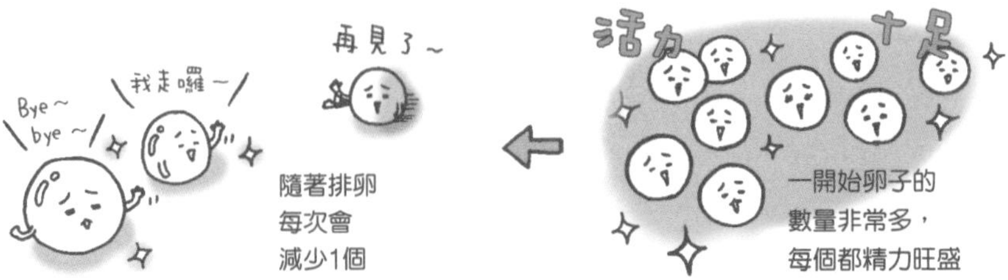
活力十足
一開始卵子的數量非常多，每個都精力旺盛
再見了～
我走囉～
Bye～ bye～
隨著排卵每次會減少1個

每次的排卵而減少，它和肌肉、腦部一樣，都會隨著年齡老化，數量減少的同時也逐漸邁向衰亡。

至於那些被排出的卵子，被伸出於卵巢之上的漏斗部攔截之後，經過輸卵管被運送到子宮去。當卵子在輸卵管中遇到從陰道進來的精子時成為受精卵，著床於子宮內膜後，便稱之為懷孕。從這時候開始一直到生產為止，保護並讓胎兒順利長大就是子宮的主要任務。若是受精卵沒有順利著床，子宮內膜便會剝落，形成月經。

負責控制排卵、懷孕或形成月經等一連串活動的，正是女性荷爾蒙。促使運送卵子的輸卵管活動、使子宮內膜變厚以便迎接受精卵的是小雌（雌激素）的工作。而準備受精或著床、調整受精卵著床後的子宮內膜狀態、抑制子宮的收縮避免流產等等，則是小黃（黃體素）的任務。

真懷念當時呀
咦！？
您是哪位呀？

之後慢慢上了年紀……

別忘了，卵子不論是數量還是活力都是有極限的！

一定要注意
讓小雌與小黃保持平衡！

雖然一輩子的分泌量就只有1湯匙，但女性荷爾蒙對於我們的身心所產生的影響力卻極其大。只要稍微分泌失調，就會引發身體不適。

近年來，能夠讓人變得更美麗的小雌（雌激素）成了當紅明星，在電視或雜誌曝光的機率越來越高。殊不知小雌（雌激素）雖然具有調整肌膚與髮質狀態等令人欣喜的作用，卻也有引發乳癌、子宮頸癌等嚴重疾病的一面。要知道，過多的小雌（雌激素），將會對我們的身體健康造成嚴重的危害。

對於沒結婚、更別提懷孕，而且目前也沒有男朋友的30多歲女性來說，有助於受精卵在子宮內膜著床的小黃（黃體素），更是不可或缺的重要夥伴。生理期來臨前身體會變得容易水腫、體重增加、乳房有腫脹感，全都是小黃（黃體素）的傑作。不過這位小黃（黃體素）可是肩負

小雌是
美麗荷爾蒙
留住青春♡
肌膚光滑度UP!!
謝謝妳小雌♡
讚

另一方面小黃則是……
生理期來臨前水腫
沉重
體重UP
沒有一件好事……
嗚～啊

著降低、和緩小雌（雌激素）作用的重責大任。也就是說，這兩種荷爾蒙在體內必須時時維持在精準的平衡狀態，只單方面增加某一種的分泌量是沒有意義的。

不過在現代社會，即使不特別努力增加分泌量，小雌（雌激素）還是很容易處於優勢狀態。根據日本厚生省的資料，生產第一胎的母親，平均年齡在二〇一一年為30.1歲，也就是說已經突破30歲。高齡產婦的現象，正說明了目前的年輕女性大多沒打算懷孕。懷孕期間最需要小黃（黃體素），但是在現代社會，小黃（黃體素）的出場機會卻逐漸降低。從41頁開始的第3章，將會介紹該如何調整、保養，讓這兩種荷爾蒙維持平衡的方法，請大家一定要儘早施行。

不過呢
讓兩種荷爾蒙
維持均衡是
最大重點!!
小雌
小黃

讓荷爾蒙維持平衡，好處多多♡

多麼希望小雌（雌激素）與小黃（黃體素）彼此感情良好、合作無間，精神十足地努力工作！

只要努力用心呵護小雌與小黃，讓她們維持最佳平衡，就可以得到下列這麼多的「好處」。

第一個就是肌膚變得光滑柔嫩。小雌（雌激素）具有活化膠原蛋白生成細胞的作用，只要分泌量均衡，膚質就會明顯變好。同時，與肌膚水分息息相關的玻尿酸也會增加。此外，她會促進新陳代謝、讓皮膚再生，也會降低對色素細胞的刺激，減少製造會形成斑點的麥拉寧色素。皮脂不會過度生成，再也不需要擔心出現成人型青春痘。也不必擔心一再補妝卻總是一下子就脫妝的困擾！一路朝著黑斑、毛孔、青春痘不再明顯，肌膚吹彈可破的水潤美肌康莊大道前進。亮麗動人的髮質、散發著時尚光輝的健康指甲也都順利成為囊中物。

最令人心花怒放的就是隨著荷爾蒙漸趨平衡，身材也慢慢形塑出完美的曲線。即使沒辦法每天都運動也無所謂，也不需要再斤斤計較卡路里。與女性荷爾蒙關係密切的腸道蠕動改善了，便祕不再來，肌膚粗糙的問題也跟著煙消雲散。

於是，隨時都笑臉迎人的妳渾身散發出耀眼的光芒！生理痛或肩膀痠痛不再困擾妳，身心也不再容易疲倦。焦躁感不見了，人際關係越來越好。雖然影響身心好壞的因素錯綜複雜，並非調整荷爾蒙分泌平衡後立刻就能解決問題，但只要努力讓平常容易被忽視的小雌（雌激素）與小黃（黃體素）趨於平衡，相信妳一定有機會變得比以往更加開朗而美麗。

有效期限

只要讓荷爾蒙維持平衡就不需要再買那些貴~得要命的基礎化妝品了吧？
太划算了~
說到貴得要命……
這款特製面膜還真是貴得很……
但因為評價很好，結果還是買了~~♪
滋潤度很高又不會脫屑
打算……在某次特別的約會前夕使用♡
小鹿亂撞……
沒想到就這樣一直放著，前幾天已經過期了……
沉——默
現在應該還是可以使用吧
對一吧
反正我有放在冰箱
妳是有這麼久不曾約會了呀……
算了吧……

第2章

關於「生理期」的二三事

生理期是一種痛苦修行？

請說說看什麼是「生理期」？
唔
生理期……嘛
反正就是一種
很惹人厭……的東西
我的情況是～
第一天和第二天一定要吃止痛藥!!
CHINTSU
冒汗
好痛～藥快吃光了無精打彩～
好想睡～
再加上完全控制不了的睡意雙重打擊下，工作效率奇差
在廁所打瞌睡……
但又不能因此請假……
服裝也很傷腦筋
我還曾經穿白色緊身褲上班結果遇到生理期來報到……
WHITE
不堪回首的往事……
話說回來
不只是生理期間
啪
生理期來臨之前身體就會開始變得不舒服!!

前幾天胸部會變得脹痛
好痛
身體水腫、食慾奇佳
大半夜
整個人胖一圈
一口氣吃掉了。
菠蘿麵包熱量超高
一整天都覺得很煩躁……
……啊
想起來了!!
仔細回想
我和每任男朋友分手都是在生理期前的這段焦躁時期!!
最近……生理週期很不規律
會不會是因為生理不順？
很難安排計畫
……
生理期真的很煩人!!我都盡量不去想它
……
不過，佐枝子將來有一天也會想要生孩子吧？
媽咪－
是……
是啦，「有一天」吧
雖然現在連個對象也沒有
所以!!
趕快趁現在調理身體吧
生理期與排卵，是懷孕及生產的先前準備工作呢
咦 這是
什麼意思？

和生理期與荷爾蒙做好朋友，美麗由內而外散發出來！

由於肉眼看不見女性荷爾蒙，實在很難了解她們是在什麼時候進行哪些活動。不過，只要將焦點放在每個月來報到的「生理期」上，就能清楚了解每天的荷爾蒙平衡狀態了。

生理期大約是每28天發生一次的固定循環週期。排卵或子宮內膜的變化，全都是依照小雌（雌激素）與小黃（黃體素）的分泌來控制。而女性的身體循環節奏，則是由這兩者的相互協調與影響之下所構成。首先，按照28天週期中荷爾蒙分泌的變化，來看看所謂的月經期、濾泡期、排卵期及黃體期等四個期間吧。

排卵之後大約2星期，一旦受精卵沒有著床，這兩種荷爾蒙的分泌便會同時急遽減少。子宮內膜剝落，生理期便來臨。月經期持續的那幾天，荷爾蒙也維持在低分泌量的狀態。於是腦下視丘發出指令，要求腦下垂體分泌濾泡激素，而迎向下一次排卵的28天週期循環，也隨之重新啟動。

生理期結束時，濾泡激素荷爾蒙會促使在卵巢中休眠的原始卵泡成熟，小雌（雌激素）開始分泌。雌激素分泌量急遽增加，子宮內膜也開始增厚。這時稱為濾泡期。週期28天以上的人，濾泡期會比較長。卵泡發育成完全成熟的卵子後，小雌（雌激素）的分泌也會到達高峰，並進入排卵期。腦部會分泌黃體激素、誘發排卵。排卵以後，小雌（雌激素）的分泌量會暫時下降。

進入黃體期，小黃（黃體素）開始大展身手。分泌量不斷增加，將子宮調整為適合受精卵著床的環境等等各種準備懷孕的機制全速運轉。若明白沒有受孕，知道自己的工作結束時，分泌量又會急遽減少。為了受精卵準備的肥厚子宮內膜已經不需要，於是直接被排出體外，這就是所謂的生理期。

月經期
濾泡期
排卵期
黃體期
生理期第1天
第8天
進入下一次生理週期
……
老老實實～
哇—
哇—
哇—
小雌爆增!!
小雌→小黃
交棒
看我的
小黃大發威!!

生理期是準備懷孕的事前演習。妳的生理狀況，沒問題吧？

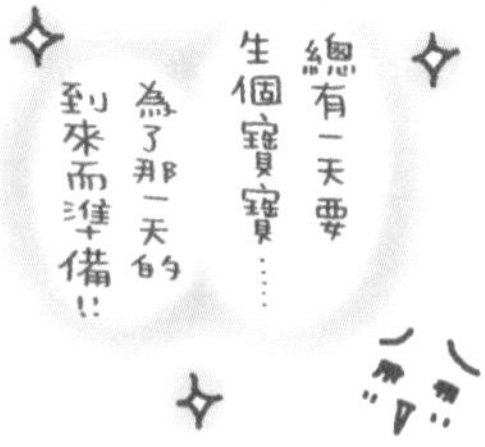
總有一天要生個寶寶……
為了那一天的到來而準備!!

因為小雌（雌激素）和小黃（黃體素）的努力工作，我們的身體每個月都會反覆做好懷孕、生產的準備。這也可以說是懷孕的事前演習。雖然生理期很煩人，每次都會出現不適的症狀、甚至將情緒搞得一團糟，但只要想著這一切都是為了將來做準備，一切的不適症狀，相信妳一定都能順利挺過去。將來打算生小孩的人，更要多注意每個月都來報到的生理期狀況。

只是，在青春期一切正常，到了30歲即使發現生理週期有些微變化或出血量改變，卻依然毫不在意地心想「沒關係啦！反正我還不是這樣一路走過來了」，擁有莫名自信的女性還滿多的。其中，忙碌到「我上個月生理期到底是哪一天來的？」的女性也大有人在，她們真是太不在乎自己的身體了！藉著這次機會，請認真審視自己的生理期，確認是否屬於正常範圍內吧。

登一場
我們兩姊妹
就定位
每個月都為了懷孕、生產做準備而忙得不可開交♡
轉身
已經做好萬全的預演練習了

健康女性的生理週期大概是25～38天。所謂生理週期是指生理期開始的第一天，一直持續到下次生理期報到前一天的日數。一般說來，平均值大約是28天左右。但由於每個人的差異性加上容易受到壓力影響，生理週期前後相差一個星期左右是不需要擔心的。但如果相差了2個月，或者是一整個月內出血好幾次，這就屬於異常狀況了。標準的生理期在3～7天，期間太長、血量多、或是出現豬肝狀的血塊，很有可能是子宮內膜異位或子宮肌瘤之類的子宮疾病。相對的，期間太短或出血量過少，則有可能是荷爾蒙分泌減少或是無排卵。

另外，千萬不要小看生理痛，突然感到劇烈的疼痛，或者痛到吃止痛藥也無效時，一定要馬上去看婦產科。生理期開始前一星期左右會出現頭痛、下腹痛、焦躁或倦怠感等PMS（經前症候群），若已經痛到無法上班，不要再忍耐，趕快去找專科醫師看診吧。

要了解是否有排卵，最重要的是測量基礎體溫！

一路閱讀到這裡，妳或許會以為「我的生理期都很規律，週期和出血量也很平均，所以我應該沒問題」吧！只是，生理期正常並不代表就能從此高枕無憂喔。生理期是得知有無排卵及荷爾蒙平衡程度的工具之一，「規律」只是基本的必要條件。想知道是否有排卵，荷爾蒙是否分泌均衡，就必須認真地測量每日基礎體溫。

測量的規則出人意料地簡單。只要每天起床時，盡量在同一時間，將專用的基礎體溫計放在舌下測量即可。基礎體溫的本意是測量睡覺時的體溫，因此重點在於活動之前，嚴格來說是晨間從床上起身前、身體尚處於安靜狀態下來進行。就寢前先把體溫計放在床旁，這樣一睜開眼就能馬上拿到體溫計。放在最靠近身體內側的舌下測量，可以取得最正確的基礎體溫。體溫的變化非常細微，因此一定要使用能夠測量到小數點第2位的專用體溫計。

「每天測量」
這個真的很麻煩耶……
奇怪？
明明是在這兒呀
東翻西找體溫計
翻箱
倒櫃
嗯—
不知道怎麼做成圖表
夠了，不想做了！
結果才第3天就放棄……

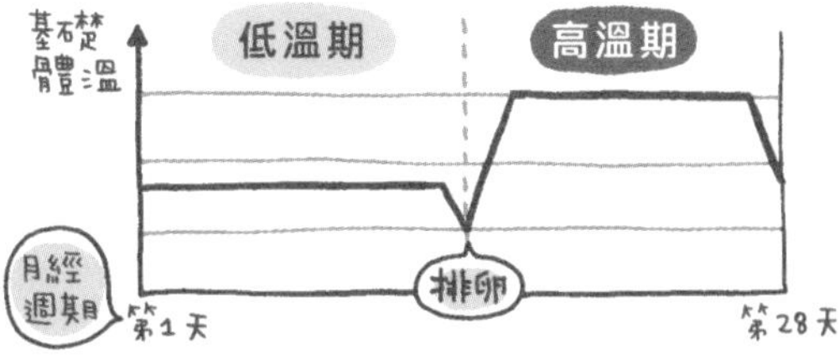
基礎體溫
低溫期
高溫期
月經週期
第1天
排卵
第28天

為了取得正確的資料，一定要持續每天早晨測量基礎體溫，並將它畫成圖表。不過實際進行時的確有點麻煩。對於早晨容易賴床的人來說，難度更高。要注意的是，睡回籠覺之後測得的體溫，就不是正確體溫了！目前市面上出現了許多高科技的體溫計產品，例如含進嘴裡就會自動顯示圖表的體溫計，有的甚至還附有鬧鐘！也有不少新潮時髦的設計，相信這樣的產品多少能讓人消除打退堂鼓的念頭吧。

生理期開始後的低溫期約14天，排卵之後的高溫期約14天，這樣的圖表是最理想的。兩者的溫差約0.3～0.5℃，雖然差別微小，只要能畫出清楚的圖表，就算踏出良好的第一步。每日體溫有高有低、高溫期的體溫偏低、低溫期持續時間太長等等，就可能是排卵有問題或黃體功能不健全。至於高溫期長，則有可能是懷孕了。總之，有這些狀況一定要趁早找醫師診斷。

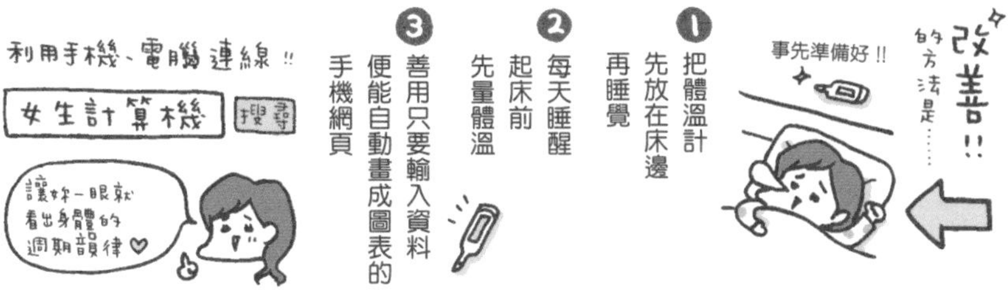
改善!!的方法是……
事先準備好!!
❶把體溫計先放在床邊再睡覺
❷每天睡醒起床前先量體溫
❸善用只要輸入資料便能自動畫成圖表的手機網頁
利用手機、電腦連線!!
女生計算機
搜尋
讓妳一眼就看出身體的週期韻律♡

一切還來得及！讓身體維持最佳平衡

首先要確認的是每個月生理期是否規律，週期以及出血量是否處在標準值內（請參考35頁）。這些都是女性的身體是否能保持健康與美麗的大前提。生理期前或生理期中，也要檢查是否有明顯的異常疼痛感。此外還要製作基礎體溫表，若是低溫期與高溫期能夠明顯地分成兩個區塊，表示身體的排卵處於正常狀態（請參考37頁）。

在這個階段，可以了解生理期及排卵是否都在正確的節奏上，連帶獲知荷爾蒙的分泌狀況是否瀕臨失衡。當然，就如19頁中曾經提及的，小雌（雌激素）與小黃（黃體素）分泌量的調整機制十分纖細，過大的壓力及過度減肥、生活習慣不正常等都會對她們造成影響，很容易就失去平衡。

基本上，女性的身體只要生理期與排卵節奏正常，分泌狀況稍微紊亂的荷爾蒙多少也能夠獲得改善！在日常生活中一邊維持荷爾蒙的分泌平衡，趁著荷爾蒙分泌達到巔峰的大好時機進行減肥或護膚，將有事半功倍的效果，使妳更有效率地讓自己變得美麗。

在第3章以28天生理週期為基礎的護膚月曆會有較具體的說明，即便是工作或外務繁忙、不論做什麼都只有三分鐘熱度的未滿30歲女性，為了身體健康著想，每天只要完成一項保養，應該還是有辦法撥出時間來完成吧。每一篇都會解說當下的荷爾蒙分泌狀況，讓妳在清楚了解自己體內環境的情形下來進行，不但能夠提高效果，也讓身體有更大的承受力應付不舒服的情況。時間比較充裕時，一定要順便看看文中的小專欄。學會了這些知識，對於維護身體健康是百利而無一害的。希望未來10年都能保持青春美麗，又或者希望屆時懷裡能抱著可愛小孩的人，一定要用心呵護小雌（雌激素）與小黃（黃體素）喔。

啪沙～
荷爾蒙
分泌之浪
乘著這道波浪朝最佳平衡前進吧

30歲的現實面

今天和公司的前輩們一起來個女生的小聚會♡
我還要續杯生啤酒杯裝的
其實很想點特大杯的
我要一杯紅酒
呵呵
第二杯還是喝啤酒呀，佐枝子果然還年輕呀～
咦是嗎
這兩個應該沒關係吧？
我只是純粹愛喝啤酒
還妳就不知道了
年過30之後比起啤酒，身體會更想要紅酒或日本酒呢
是因為怕冷嗎？
還有食物也是，以前常吃的披薩、鮮奶油蛋糕和超濃拉麵，現在只要一吃就拉肚子呀♡
前輩也太可怕了吧……
很快就輪到妳囉♡
※每個人的狀況有所不同

第3章

下次生理期來臨前的倒數計時！
調整荷爾蒙維持平衡 1天1保養計畫月曆

※生理週期超過28天的人，
請在多出來的日子追加進行56～66頁的部分。

一切都是為了讓自己變得更加美麗動人！

我說佐枝子呀……
要持續進行的最好辦法
就是製造動力!!
讓人一鼓作氣
例如做完保養後就在月曆或記事本貼上貼紙
可愛的貼紙更能～激發動力唷♡
4 April
持續進行一個禮拜可以給自己買個小小獎勵♡
哈根○斯冰淇淋
金牌啤酒
星○克星冰樂
小花束
漫畫
實在太忙或還不習慣的話，只完成一半也沒關係啦!!
總之抱著愉快的心情來進行就對了!!
只要佐枝子照表操課持續進行28天……
一定會變得比現在的佐枝子更漂亮吧?
比現在還漂亮……
接著再持續半年……一年，到底會變得多麼閃亮動人哪……
很令人期待吧?
對吧?
哇
我會認真做好1天1保養的!!
明天……不，就從今天開始吧!!

濾泡期　月經後期　月經前期

12 11 10 9 8 7 6 5 4 3 2 **1**

第1天

生理期來了就這樣做吧！穿著寬鬆衣物&做瑜伽促進血液循環

換上寬鬆衣物並保持全身暖呼呼

生理期開始後的3～4天，很容易出現頭痛、腹痛、腰痛等各種不適症狀。加上體溫下降、血液循環變差，最好避免穿緊身牛仔褲或裙子之類的服裝，改換上沒有壓迫感的連身裙之類寬鬆的休閒服吧。這也是能夠稍微緩和生理痛的小祕訣。至於在春夏時節，若是穿得不多，內搭一件可愛的腹部保暖巾，或者在脖子及肩膀上圍著披巾，既時髦又保暖，還能避免身體著涼。若是有水腫困擾，可以穿上不會造成太大壓力的絲襪。另外，在覺得舒服的範圍下，進行能促進腰部血液循環的腳掌相合瑜伽動作，以及能夠舒緩下半身水腫的瑜伽姿勢等等。

今天就穿沒有壓迫感的寬鬆休閒服吧
輕輕～鬆鬆
鬆鬆軟軟……♡
不要著涼囉
內搭一件
可愛的♡
腹部保暖巾
善用開襟衫、披巾或絲襪♡
今天
NG!!
緊身
緊身
緊身的牛仔褲或裙子

荷爾蒙的平衡狀況是…

進入月經期，雌激素、黃體素的分泌量都處於最低狀態。

小黃
小雌

促進血液循環
緩和生理痛
喔，這個動作做起來真舒服♪
這就是腳掌相合的瑜伽動作♡
我就說吧？
採取坐姿，兩腳腳掌相對並盡量往骨盆方向拉近～

消除下半身水腫
坐下將骨盆立起、雙腳打開
吐氣的同時將身體慢慢往前彎!!
佐枝子的筋骨好硬～
哇
痛痛痛
呼——

濾泡期：12 11 10 9 8 7
月經後期：6 5 4
月經前期：3 **2** 1

第2天

攝取維他命E與鐵質，緩和生理痛

利用輕鬆簡單的食譜促進血液循環

這個時期即便瘦身也很難達到效果，所以就不必特地節制飲食了，不如趁這時候促進血液循環，攝取能夠調整荷爾蒙維持平衡的維他命E，從體內讓身心都得到舒緩吧。最具代表性的推薦食材有南瓜、酪梨、沙丁魚、鰻魚，以及花生等堅果類。維他命E具有預防老化的效果，平常就可以多加攝取。若能同時搭配攝取生理期特別容易流失的鐵質與蛋白質、鈣質就更完美了。舉例來說，可以吃南瓜豆漿濃湯或沙丁魚納豆山藥泥飯之類的料理。這段時期雖然不易提起精神、食慾不振，但只要善用這些簡單又美味的食譜，就能輕鬆對付生理痛了。

大量攝取維他命E♡
南瓜
豆漿濃湯
將南瓜與洋蔥
以微波爐加熱
至變軟之後，
再放進果汁機攪拌
豆漿
奶油
倒入鍋內，
加進豆漿與奶油，
調味之後
就完成囉♡
哇～
真想做這道湯給男朋友喝啊♡
太好喝～了
暖呼呼
現在不是沒男友嗎!!

荷爾蒙的平衡狀況是…

雌激素與黃體素的分泌都維持在低狀態。基礎體溫也在低溫處徘徊。

小黃
小雌

適合在生理期食用的食材

生理期很容易流失鐵質，含有豐富鐵質的食材有豬肝、雞肝、醬燒蛤蠣、蛋黃、香魚、鰻魚肝、沙丁魚、扇貝等。就挑選妳喜歡的食材來攝取吧。至於含豐富動物性蛋白質的食物有雞肉、牛肉、豬肉、鮪魚生魚片、沙丁魚等。植物性蛋白質則是黃豆。含有大量鈣質的是牛奶、魩仔魚、海藻、黃豆及黃豆製品。黃綠色蔬菜裡也含有鈣質。鈣質還能預防骨質疏鬆症，故一定要積極攝取。

濾泡期　月經後期　月經前期

12 11 10 9 8 7 6 5 4 **3** 2 1

第3天

泡腳讓妳渾身舒暢又暖和。別忘記做皮膚的保濕工作喔！

輕鬆泡泡腳，擊退寒冷！

身體畏寒是造成血液循環不良、生理痛加劇的主因。即便是處於生理期，也不能隨便沖個澡就算了。再怎麼忙碌，還是要做做半身浴，讓身體從體內溫暖起來。也可以利用看電視或看書的空檔進行足浴，促進血液循環。在大臉盆裡倒入42～43℃左右的熱水，將雙腳泡進去，水面高度大概在腳踝處。15分鐘左右就會發現身體開始溫暖起來。滴入幾滴薰衣草或快樂鼠尾草精油，身心更舒暢。這個時期肌膚容易感到乾燥，可以順便敷含有保濕成分的面膜。肌膚狀況若不是很好，洗臉時只要輕輕地加強T字部位即可。

呼～
簡直像天堂啊～
以42～43℃的熱水泡足浴，全身變得暖呼呼
要加精油的話我推薦薰衣草或快樂鼠尾草♡

暖入心～頭

荷爾蒙的平衡狀況是…

雌激素、黃體素都繼續維持在較低狀態。再忍耐一下下！

小黃
小雌

黃體後期						黃體前期						排卵期			
28	27	26	25	24	23	22	21	20	19	18	17	16	15	14	13

稍微花點心思
全面預防肌膚乾燥

因為肌膚乾燥深感困擾的話，不妨在基本的皮膚清潔工作上多下點工夫吧。含有神經醯胺（Ceramides）或玻尿酸的面膜，可以瞬間補充肌膚水分。不過使用時一定要遵守規定的時間，長時間敷著面膜反而會造成皮膚乾燥。護膚之後還沒打算立刻就寢的話，睡覺前記得再塗一次乳霜。化妝時在粉底液裡混入一點乳液，可以提升保濕力。各位不妨試試這些方法。

第4天

骨盆運動既能促進血液循環又可排毒！

濾泡期 ⑫ ⑪ ⑩ ⑨ ⑧ ⑦ 月經後期 ⑥ ⑤ ❹ 月經前期 ③ ② ①

身體及肌膚狀況漸漸往好的方向發展

生理期大戰下半場揭開序幕。月經量減少，身體狀況及膚質也逐漸好轉，但血液循環還是沒有回復到正常軌道。這時候可以做做有助於促進骨盆內的血流、有效排出老舊廢物的運動，來提升排毒效果。就從動動髖關節、刺激子宮的骨盆扭轉運動開始吧。吐氣的同時慢慢將腰往左右扭轉，注意臀部不要離地。體力充裕的話還可以再挑戰三角姿勢。這個動作有點難度，但藉由伸展身體兩側，還可以順便雕塑曲線，算是一舉兩得的運動。稍微動動身體，生理期的煩躁鬱悶心情也會一掃而空。

骨盆扭轉運動

採取坐姿，膝蓋立起，兩腳打開與腰同寬
手撐在身體後方，吐氣同時將腰往左右身邊扭轉
呼——
腰間好舒服唷～
注意臀部不要抬高，腳跟的位置也不可以移動喔!!

荷爾蒙的平衡狀況是…

雌激素與黃體素的分泌量都同樣繼續維持在最低量。

小黃
小雌

三角姿勢

工作空檔可做做踏步運動

在這裡介紹一個適合在午餐、午休時間或工作空檔時做的簡單運動，就是可以促進鼠蹊部血液循環的原地踏步。操作時將大腿抬高、讓膝蓋呈90度垂直，有節奏地踏步。至少做1分鐘，體力好的話可以持續做5分鐘。透過反覆的動作可以讓身體分泌具有安定情緒作用的荷爾蒙——血清素，減輕生理期的焦躁感與壓力。平常走路時也可以刻意抬高大腿行走。

第5天

做半身浴時順便敷保濕面膜，輕鬆散步消除焦慮感

當心肌膚的屏障功能變弱！

在女性荷爾蒙分泌量全面處於低下狀態的生理期，肌膚的屏障功能降低，於是容易變得乾燥，因此這個時期必須格外加強肌膚的保濕工作。趁著做半身浴時順便敷含有神經醯胺之類保濕成分的面膜，可以讓心靈與肌膚都獲得足夠的滋潤。在浴缸裡加一點含有海水成分的泡澡劑，可以調整體內的鈉與鉀，還能促進新陳代謝。不過泡澡的時間要適可而止，以免因為長時間浸泡在高溫的熱水中，導致皮膚乾燥。覺得冷的話，可以在肩膀披上毛巾。還是覺得心情煩躁，那就出門看看大海或上山踏青，散步也有助於轉換情緒。

煩～
覺得好煩躁喔～
別煩—別煩—
這個時期女性荷爾蒙分泌量變少，所以容易覺得煩躁
這時候不妨……
出門散散步……
或是騎腳踏車上下班，順便運動一下！

荷爾蒙的平衡狀況是…

雌激素與黃體素的分泌量依然維持在偏低狀態。基礎體溫也處於低溫。

小黃
小雌

黃體後期 28 27 26 25 24 23

黃體前期 22 21 20 19 18 17

排卵期 16 15 14 13

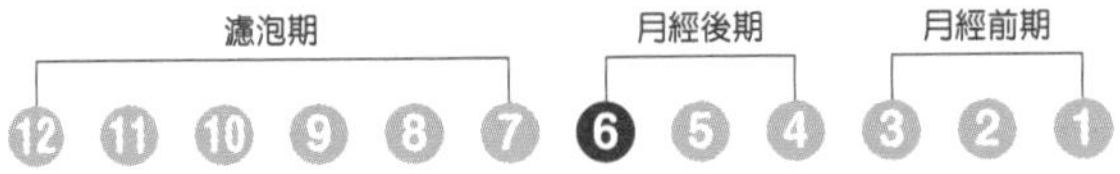
濾泡期
月經後期
月經前期
12 11 10 9 8 7 6 5 4 3 2 1

第6天

攝取鈣質與蛋白質，水腫不見了，身體更輕盈

聰明調整體內的水平衡

生理期將邁入尾聲！月經量減少了，身體也漸漸恢復輕盈，但還是要注意水腫或倦怠感等問題。這個時期不妨多吃馬鈴薯、香菇、海藻類來調整體內的水分，並且多攝取含鉀豐富的食物及肉類、黃豆等優良蛋白質的食材來避免水腫吧。推薦的菜色是梅香醬油風味奶油炒馬鈴薯香菇與香腸。這道菜的滋味與風味都很濃郁，即使沒什麼食慾，裡面的梅乾一定會讓妳頓時食指大動。而且作法簡單，再怎麼忙碌也能輕鬆完成。時間充裕時，也可以大量的馬鈴薯代替焗烤的白醬，試著做做看鬆軟可口的馬鈴薯泥香菇焗烤吧。

梅香醬油風味奶油炒馬鈴薯香菇與香腸
香菇
香腸
馬鈴薯
以奶油熱炒
① 平底鍋放入切成一口大小的馬鈴薯、香菇及香腸，以奶油熱炒。
② 加入醬油與梅乾肉混勻即可。
驚
猜得這麼準……
佐枝子現在……
心裡一定想著這道菜很適合配啤酒對吧~

荷爾蒙的平衡狀況是…

雌激素與黃體素的分泌量雖然繼續維持在低狀態，但這種情況只會到今天為止！

小黃
小雌

馬鈴薯泥香菇焗烤

❶ 將牛奶、鹽、雞湯塊放進鍋內，加入馬鈴薯煮軟

咕嚕
咕嚕
鹽
S
牛奶
MILK
雞湯塊

沒有壓薯泥的工具，用湯匙也OK
壓
壓

❷ 把馬鈴薯壓碎，加入起司粉、鮮奶油拌成白醬

❸ 把炒過的洋蔥與香菇鋪在烤盆裡，淋上白醬、起司烤至表面呈金黃色就完成了♡

先PO上推特和臉書再吃吧!!
好棒～唷
哇—♡
鮮少下廚的人特別愛玩這招……

濾泡期　月經後期　月經前期

12 11 10 9 8 **7** 6 5 4 3 2 1

第7天

真的要開始減肥了，稍微加長運動的時間也OK

雌激素的分泌量開始增加

從生理期結束之後，卵巢裡的濾泡開始發育，雌激素的分泌量也逐漸增加。身體變得輕盈，減肥效果也特別明顯，稍微拉長運動的時間也無妨。好久不曾這樣痛快地大汗淋漓了吧。瑜伽動作新月式可以消除背部多餘的脂肪，而大大展開胸口的擴胸動作，更能讓身心皆舒暢。至於拱背的魚式能夠刺激甲狀腺、調整荷爾蒙的平衡，讓頸部周圍變得緊實，還有小臉的效果。進行這兩種運動時，最好穿著輕鬆的服裝。就寢之前搭配緩慢的深呼吸來做這些運動，相信一定能獲得一夜好眠。

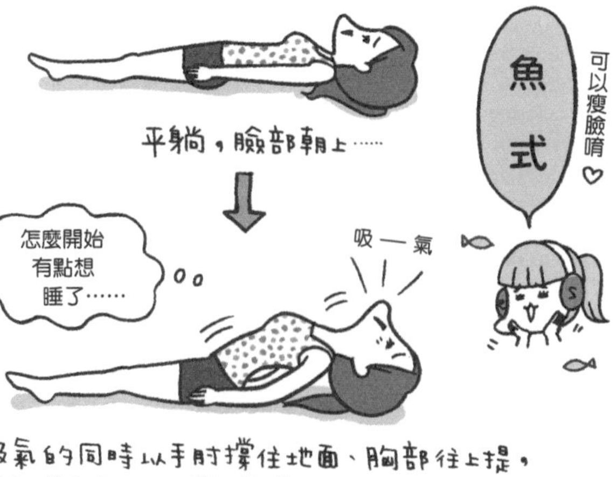

魚式
可以瘦臉唷
平躺，臉部朝上……
怎麼開始有點想睡了……
吸一氣

吸氣的同時以手肘撐住地面、胸部往上提，背部拱起呈弓狀，頭頂碰地

荷爾蒙的平衡狀況是…

進入濾泡期，雌激素的分泌量開始慢慢往上增加。

小黃
<
小雌

黃體後期						黃體前期						排卵期			
28	27	26	25	24	23	22	21	20	19	18	17	16	15	14	13

刺激腸道排便更順暢

容易便祕的人若能在睡前適當地做一些能夠刺激腸道的運動，隔天就能輕鬆愉快地排便了。推薦的是坐姿轉身運動。坐好之後將雙腳伸直，腳跟往前推，腳踝與地面垂直。彎起左腳，腳尖置於右腳外側。吸氣的同時雙手左右舉至與肩同高，背脊打直。吐氣，上半身往左扭轉。左手放在臀部後方，右手抱住左膝。另一側也以相同的方式進行。

濾泡期　月經後期　月經前期

12 11 10 9 **8** 7 6 5 4 3 2 1

第8天 吃豬肝補充鐵質，確實預防貧血

補充生理期流失的鐵質

確實補充生理期間因出血流失的鐵質，避免貧血。鐵質在體內的吸收率偏低，只有8％左右，這時就多吃一點人體吸收率比較高的豬肝、雞肝等動物性食品吧。閃著誘人光澤令人食慾大振的滷雞肝，甜甜的醬油味讓人忍不住拿起筷子大快朵頤！這道菜的調味十分順口，不敢吃雞肝的人鼓起勇氣試吃看看吧。經典的韭菜炒豬肝也是偶爾會令人想念的滋味。這兩道菜都十分入味，非常下飯。無論如何還是不敢吃肝臟的人，可以嘗試佃煮蛤蠣或蜆、蛋黃等鐵質豐富的食物，以免貧血。

滷雞肝
① 雞肝清洗乾淨後切成一口大小
搖晃
搖晃
② 以奶油炒過後加入酒、砂糖、醬油、味醂滷煮
咕嚕咕嚕
③ 湯汁差不多要收乾變得濃稠時就完成了
閃閃發亮
晶瑩剔透
事先處理好再料理就會很好吃唷
詳細方法請看小專欄♡

荷爾蒙的平衡狀況是…

雌激素的分泌量直線上升。黃體素的分泌繼續維持低量。

小黃
<
小雌

黃體後期						黃體前期						排卵期			
28	27	26	25	24	23	22	21	20	19	18	17	16	15	14	13

韭菜炒豬肝

1 把切成一口大小的豬肝泡在酒、醬油、薑泥的醃汁裡15分鐘

2 瀝乾水分沾上太白粉後炒熟

3 加入豆芽菜、韭菜翻炒並以蠔油、鹽、胡椒調味即可

沒想到這麼簡單！豬肝的事前處理妙方

肝臟類具有獨特的氣味，雖然大家都知道它可以預防貧血，卻還是有不少人避而遠之。其實，只要了解如何事先處理，就能放心地大口吃了。第一個重點是挑選新鮮、品質優良的豬肝。接著就是放血。取一個大碗裝水後，把切成一口大小的豬肝泡在水裡，輕輕搖晃沖洗。連續換幾次水，直到搖晃水也不會變混濁，就可以撈起豬肝擦乾水分，完成放血的作業。

濾泡期：⑫ ⑪ ⑩ ❾ ⑧ ⑦
月經後期：⑥ ⑤ ④
月經前期：③ ② ①

第9天

冷熱交替的半身浴，泡澡讓妳通體舒暢

美容效果驚人提升

現在是將火力集中在美容的最佳時機。首先利用泡澡時間幫身體充電回復元氣吧。以摸起來覺得稍微燙的39℃左右熱水，做20分鐘半身浴。汗腺全面暢通之後，代謝力也會逐步提升。讓身體好好記住這種淋漓暢快的感覺吧。要調整自律神經的平衡，也可以利用冷熱水交替浴，在稍燙的41~43℃熱水中浸泡3分鐘，離開浴缸以蓮蓬頭的冷水沖洗手與腳部。重複幾次效果更好。利用蓮蓬頭的水壓按摩頸部、鎖骨、鼠蹊部，可以促進淋巴的流動，讓身體更舒爽。花點時間好好照顧自己的身體，心靈也會跟著富裕起來。

以39℃左右的熱水
做20分鐘半身浴
流了好多汗
真舒服呀~~♡
代謝力不斷向上攀升喔~
亮麗
轉身

荷爾蒙的平衡狀況是…

雌激素的分泌急遽上升。黃體素呈現於低量狀態，基礎體溫也偏低溫。

小黃
小雌

熱水淋浴可以活化肌膚

浸泡式的半身浴洗完之後，通常身體都會變得紅冬冬，但有些部位對於溫度的感覺比較遲鈍，也不會變紅。將這些地方找出來，另外再用蓮蓬頭以稍熱的熱水沖洗按摩，喚醒肌膚，讓它們從內部活化起來。腳底、膝蓋後側、背部及頸部都是不可錯過的重點部位。入浴時可以照照全身鏡，找出沒有變紅的部位。血液循環暢行無阻，正是讓自己變得容光煥發的最佳捷徑。

濾泡期　月經後期　月經前期

12 11 **10** 9 8 7 6 5 4 3 2 1

第10天

心情好，頭腦也靈光。做決定就趁現在！

身體狀況與心情都好到最高點

雌激素的分泌量增加，朝排卵期前進的妳渾身散發著女性魅力。交感神經與副交感神經維持在良好的平衡狀態，身體舒適，心情也平穩愉快。這時候很適合進行社交活動，可以安排聯誼活動、重要的接待或會議等等計畫。思慮清晰，分析及判斷力強，小地方照樣能夠照顧周全，不論是跟顧客進行報告說明或推銷上都能事半功倍。如果有大型的買賣交易或打算與情人分手等等懸而未決的煩惱，這時候應該都能想出合適的解決方法。錯過這次好機會，就得再等上一個月囉。

今天的佐枝子
超有魅力!!狀況極好!!
不妨安排個聯誼或約會，開心一下吧
是嗎
剛好有人約我去聯誼耶!!
快快

荷爾蒙的平衡狀況是…

相對於偏低的黃體素，雌激素的分泌量勢如破竹、銳不可當！

小黃
<
小雌

黃體後期 | 黃體前期 | 排卵期

28 27 26 25 24 23 22 21 20 19 18 17 16 15 14 13

濾泡期　月經後期　月經前期

12 **11** 10 9 8 7 6 5 4 3 2 1

第11天

做做護膚美容或按摩，好好「犒賞」認真的自己

身體不浮腫，狀況絕佳一路向上

全身輕盈不再水腫，覺得「今天身體狀況還不錯！」的日子似乎越來越多了。肌膚也開始恢復活力，想要變美現在正是大好時機。稍微加把勁，去護膚中心或做做按摩，享受一下貴婦級的優雅生活吧。一方面也是獎勵自己這幾天來的努力，撫慰平日累積的身心疲勞。至於老早就想試試看的美容產品或除毛等各種「積極性」的護膚美容，也可以選擇在這個時期嘗試。去美髮沙龍剪個新髮型、換個新造型也不錯。由於體內充滿了雌激素，頭皮不易受損，燙髮或染髮所造成的傷害也會降到最低程度。

去護膚中心或做做按摩，優雅一下
當下正是脫胎換骨的最好時刻!!
給認真的自己一個……最棒的獎勵♡
這幾天來辛苦了……

荷爾蒙的平衡狀況是…

雌激素持續上升，黃體素依舊被抑制在偏低狀態。

小黃
小雌

黃體後期 28 27 26 25 24 23 | 黃體前期 22 21 20 19 18 17 | 排卵期 16 15 14 13

老早就想嘗試這種護膚和除毛了!!
「積極」地身體護膚!!
手臂和腳也想除毛耶～

改變形象就趁現在!!

濾泡期　月經後期　月經前期

12 11 10 9 8 7 6 5 4 3 2 1

第12天 臉部按摩加去角質，打造光滑柔嫩的肌膚

Q彈緊致、散發光彩的好臉色

和身體一樣，可以明顯感受到肌膚的狀況慢慢變得越來越好。皮膚緊致、潤澤亮麗，血液循環順暢，臉上更透著玫瑰般的好氣色。只要多花點時間進行保養，肌膚當然也會變得越來越美麗。首先就從輕柔的臉部按摩開始做起吧。塗點平常使用的乳液或面霜，手指從臉部中央往外、由下往上滑動。力道要輕巧，按摩時下意識地想著讓肌肉回到原本的位置。此外，頭皮太緊繃會造成臉部皮膚下垂，試著以舒適的力道按摩頭皮。利用蒸臉毛巾幫助毛孔張開，再以搓除式或撕除式面膜去角質，最後做好保濕工作就大功告成了。

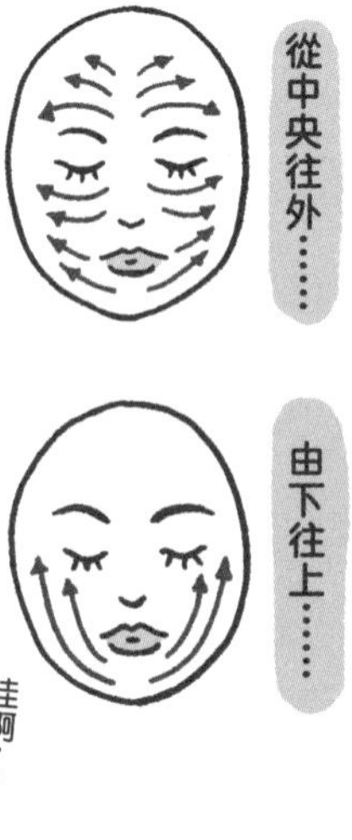
從中央往外……
由下往上……

塗點乳液或面霜
從臉部中央往外、由下往上輕柔地按摩唷
OK
輕輕地～
小心地～
絕對不能用力地推揉拉扯
NG!!!
哇啊～

荷爾蒙的平衡狀況是…

隨著濾泡的成長，雌激素分泌迎向高峰期。黃體素繼續維持低量。

小黃
<
小雌

黃體後期 | 黃體前期 | 排卵期

28 27 26 25 24 23 | 22 21 20 19 18 17 | 16 15 14 13

搓除式面膜

利用天然的藥草或植物種子來去除老廢角質

撕除式面膜

使用化學藥品來去除老廢角質

熱氣……
呼～♥
30秒～3分鐘

利用蒸臉毛巾讓毛孔張開……

以撕除式或搓除式面膜去角質

最後別忘了保濕工作!!
佐枝子
來
面霜
乳液

才一下子就變成美肌女孩了♥
水水潤潤光滑細緻～

輕輕鬆鬆做好蒸臉毛巾

蒸臉毛巾的作法相當簡單。將毛巾整齊地摺好或像瑞士卷般捲起來，整個以水泡濕後，扭乾到不會滴水的程度。以保鮮膜包好或裝進夾鏈袋，放入微波爐以以五百到六百瓦加熱約1分鐘。取出毛巾打開調整熱度，然後摺成恰當的大小，敷在臉上約30秒～3分鐘蒸熱肌膚。至於毛巾要扭到多乾、微波爐的加熱時間等等，可以多試幾次，找出最適合自己的方法。

濾泡期　月經後期　月經前期

12 11 10 9 8 7 6 5 4 3 2 1

第13天 女性魅力大放送！不妨和心愛的他約個會吧

身體、肌膚、心情都維持在最完美的狀態

在即將排卵的這個時期，濾泡已經發育完全，雌激素的分泌到達最高潮，女性的姿色魅力也呈現巔峰狀態。身體、肌膚、情緒皆臻於完美，性慾也處於高峰期。不妨穿上能夠展現身材曲線的服裝，化個華麗的美妝，開心愉悅地度過這段時光吧。可以安排約會或者約心儀的對象一起用餐，積極地談場戀愛也是不錯的主意。不過這個時候很容易受孕，如果妳還沒打算生小孩，千萬別忘記避孕。此外，此時肌膚的屏障功能提高，也很適合試試看很想嘗試的美容液或護膚乳。

荷爾蒙的平衡狀況是…

雌激素的分泌到達最高潮，開始誘發排卵。黃體素繼續維持低量狀態。

黃體後期　　黃體前期　　排卵期

28 27 26 25 24 23 22 21 20 19 18 17 16 15 14 **13**

週末性愛為戀情加溫

為了提升男性的精液品質及確保女性維持正確的排卵週期，每週末一次的性愛關係是能夠維持荷爾蒙平衡的最佳次數。此外，從男性只要看到屬於自己的女性待在身邊，精子數量就會減少的習性來看，不打算進行親密關係時最好分房睡覺。也就是說，想要維持戀情的熱度，平日最好避免見面或約會，星期五儲備體力，週末趁興致最高昂的時候出門約會，才是最好的安排。

第14天

瘦身的最佳時機，展現玲瓏有致、結實有型的好身材

拉筋加上有氧運動，雕塑窈窕曲線

排卵日來臨！此時的代謝力非常好，瘦身能夠獲得最大的效果。拉筋搭配有氧運動，將特別在意的部位雕塑出理想的線條吧。即使過程中感覺有點勉強，但這個時期的身體還承受得起，不需要太擔心。想要豐胸的話，可以利用牆面做伏地挺身。能夠練出迴轉自如的骨盆及迷人翹臀的勇士式，練完之後保證心情大好。想要腹部結實，不妨試試看船式。一開始要維持平衡當然不容易，習慣之後妳將發現從體內冒出一股熱氣，渾身都變得暖呼呼。慢跑到稍微遠一點的地方或者爬山健行，都是不錯的辦法。

勇士式

1 站直身體……
2 吐氣的同時
右腳往前大跨一步，
左腳腳尖朝外，
骨盆朝向正面，
右膝彎曲
3 吸氣，
雙手合掌
朝天空
伸直

荷爾蒙的平衡狀況是…

排卵之後，雌激素分泌量稍微減少，黃體素則開始慢慢增加。

小黃
<
小雌

船式

❶ 採取坐姿，背脊伸直，雙手放在臀部斜後方

❷ 背脊向後倒的同時雙腳往上抬高與地面平行

❸ 兩手往上平行抬高

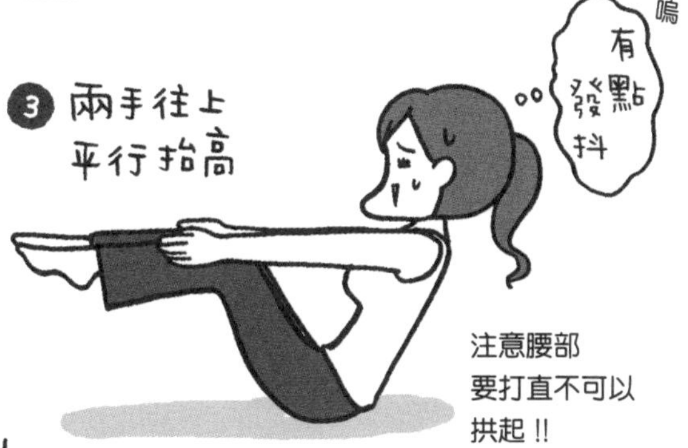
有點發抖
嗚

注意腰部要打直不可以拱起!!

從身體裡面暖了起來耶～
可以讓小肚肚變得結實唷～

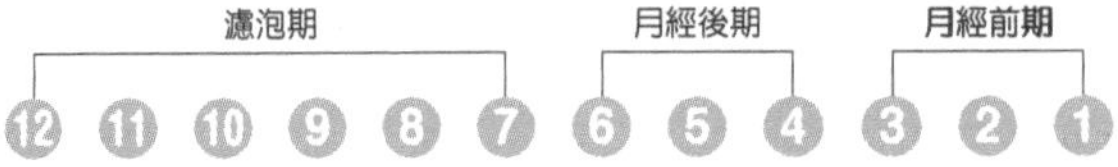
濾泡期
月經後期
月經前期
12 11 10 9 8 7 6 5 4 3 2 1

第15天

吃點香辛料或辣味，讓進入排卵期的身體從內部暖和起來

排卵之後要全方位保養身體

排卵之後，飲食方面最好多吃可以刺激身體發熱的食物。加了大量大蒜、薑、蔥等香辛料的韓式泡菜鍋，在泡菜及韓式辣味噌的加持下，吃完後身體瞬間變得暖呼呼。辣味視個人可接受的程度加以調整。不僅增強代謝力，排毒效果也會變得更好。畏寒、容易水腫或有便祕困擾的人，特別推薦這道加了能夠溫熱身體的香辛料五菜湯。它有助於活化內臟機能，提升全身的血液循環，讓身體從內部發熱甚至爆汗。重點是做好之後馬上喝，享受它的熱氣與香味。還可以加入豆腐、海帶芽等任何喜歡的食材，調配出專屬妳個人口味的湯品。

身體暖呼呼!! 的
泡菜鍋
大蒜
薑
切碎
豬肉
泡菜
雞高湯
1 薑與大蒜切碎後連同豬肉、泡菜一起炒，再加入雞高湯
醬汁
2 將以韓式辣味噌、味噌、蒜泥、芝麻、砂糖、味醂、芝麻油、醬油、蔥末調勻的醬汁倒入鍋中
完成囉
加入豆腐或香菇也很好吃唷
3 依個人喜好加入韭菜、豆芽菜等蔬菜

荷爾蒙的平衡狀況是…

雌激素的分泌暫時告一段落，黃體素則慢慢增加中。基礎體溫也趨於高溫。

小黃
小雌

推薦給有畏寒、水腫、便祕困擾的
五菜湯
雞高湯
1 薑
2 大蒜
3 蔥
4 韭菜
5 紅蔥頭
把薑、大蒜、蔥、韭菜、紅蔥頭切碎後加入雞高湯內並煮滾
重點是煮好之後馬上喝，享受它的熱氣與香味
內含大量能夠溫暖身體的香辛料♡
加入豆腐、海帶芽等也GOOD♡
好香唷～♡
聞聞
熱呼呼～

差不多該注意水腫問題了

從現在起一直到生理期前的這段時間，身體的水腫狀況會越來越明顯。要對付這種狀況，最好的方法就是喝大量的常溫水或熱水。如果選擇喝硬水，由於內含豐富的礦物質，更能有效將水分排出體外。另外，葡萄柚是最能幫助此刻的妳消除水腫的最佳食材。當中的枸櫞酸能夠提升基礎代謝，促使體內的多餘水分或老廢物質代謝出去。妳可以直接吃，或者打成百分之百的新鮮純果汁飲用。

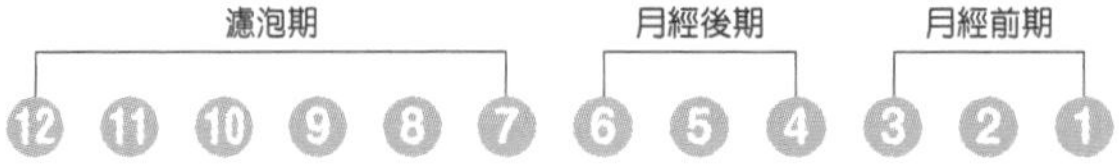

第16天

心胸大開，好奇心正旺盛！挑戰學習新事物或培養新的興趣吧

專注力依然集中的時期

這個時期身心都處於穩定狀態，但排卵結束之後有可能慢慢出現倦怠感。但無論如何，此時的身心狀況相當平衡，不需要過於緊張。現在正是拉長妳的好奇心天線、勇敢探索未知世界的最佳時機。給予心靈適度的刺激，有助於一掃倦怠的陰霾。學習新事物、一直沒機會接觸的嗜好等等，都可以積極地嘗試。或者把買了卻還沒看的書或DVD拿出來看。在這段期間花點心思穩定情緒，或學習轉換情緒的技巧，未來即使陷入身體不適的窘境，也能讓自己安穩地度過這段低氣壓。

荷爾蒙的平衡狀況是…

雌激素穩定分泌中，黃體素的分泌相形之下更為旺盛。

今天很適合給予心靈適度的刺激唷
可以幫妳一掃倦怠的陰霾
倦怠
去
去
去
喔——那就
去買本新書或DVD回來看吧!!
也是可以啦～但是
妳已經買了一堆書放在家裡了耶～
都是些什麼書啊？如何成為受歡迎的女人？
唉呀
我馬上把它看完……!!

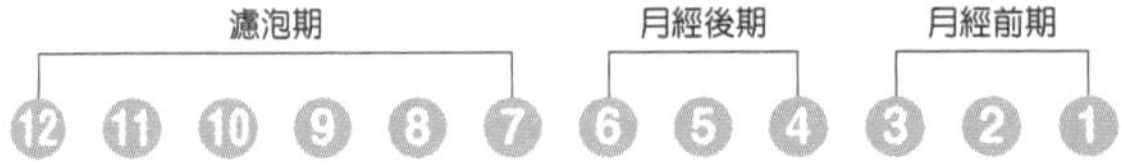

第17天

養成檢查分泌物的好習慣 掌握自己的「正常」狀況

分泌物暗藏身體的「警訊」

這時期最需要注意的就是「分泌物」。由於每個人的狀況不盡相同，平常就要養成仔細觀察的習慣，確實掌握個人的「正常」狀態，一旦出現感染之類的異常，才能及早發現。排卵期的分泌物主要的作用是幫助卵子與精子結合。量多且呈透明、清清如水的分泌物，表示「子宮環境處於適合懷孕的狀態」。隨著排卵期的結束，分泌物也會慢慢轉變成濃稠的黏液狀，顏色也會從透明轉為白色。這時期的分泌物主要作用是防止細菌進入子宮，及促使老舊廢物排出體外。有些人的肌膚特別敏感，使用衛生護墊可能出現過敏現象，因此只需在量多時使用即可。

荷爾蒙的平衡狀況是…

進入黃體期，黃體素的分泌量超出雌激素並繼續往上升。

黃體後期 | 黃體前期 | 排卵期

28 27 26 25 24 23 | 22 21 20 19 18 **17** | 16 15 14 13

排卵期的分泌物

功能 幫助卵子與精子更容易結合

狀態 量多、透明、清清如水

清清如水～

每個時期的分泌物功能都不一樣哦～
它們可是非常有用的
那不是貓耳朵，是長角呀……

排卵期結束後……

功能 防止細菌進入子宮促使老舊廢物排出體外

狀態 白色或黃色的黏稠黏液

黏稠……

分泌物到底是什麼東西呀？

對女性來說，觀察分泌物非常重要。它是由子宮內膜、子宮頸、陰道壁、皮脂腺、汗腺等的分泌物混合而成，換句話說就是性器官分泌物的綜合體。這是因為生物只能在潮濕的地方受精。只要出現健康的證據，一切就可放心了！之所以會有類似優格般的酸臭味，是因為陰道內的一種乳酸菌會分泌乳酸的關係。酸性越強，就越能阻止其他細菌的繁殖。

濾泡期　月經後期　月經前期

12 11 10 9 8 7 6 5 4 3 2 1

第18天

皮脂分泌增加，開始出現成人型青春痘

要注意，過度清潔反而會造成肌膚乾燥！

在這個黃體素分泌量增加的時期，皮脂分泌也開始旺盛，可以感覺到肌膚變得濕潤。擔心出現成人型青春痘的妳，不妨趁現在皮膚狀況正好的時候開始著手保養吧。不同於青春期的青春痘，成人型青春痘除了皮脂分泌過剩之外，「過度清潔」也是主因。首先要避免使用油性的卸妝油，改用卸妝乳或卸妝凝膠。此外，重新審視自己的洗臉習慣，洗完臉後立刻搽上化妝水或乳液、面霜，徹底做好保濕工作。嚴重紅腫的青春痘，可以利用保冷劑輕輕冰敷，避免發炎。這段期間比較容易想吃甜食，要小心別吃下太多堅果類或巧克力。

成人型青春痘
除了皮脂過剩的原因之外，
「過度清潔」也是
經常造成的主因。

荷爾蒙的平衡狀況是…

黃體素的分泌持續增加中。雌激素的分泌則維持在固定分量。

正確的洗臉方法

這段期間……

卸妝時記得以卸妝乳或卸妝凝膠取代油性的卸妝油唷

1 手徹底洗乾淨，擠出洗面乳後搓出大量的泡沫

可以利用起泡專用網袋

2 將泡沫抹在T字部位，以推動泡沫的方式輕輕搓洗

3 徹底將泡沫沖洗乾淨，不要殘留在臉上

重點是利用冷水來洗臉！
才不會把重要的皮脂也洗掉了!!

重新審視基本的洗臉方法！

以慣用手壓取洗面乳後搓出大量的泡沫。細緻而堅挺的泡沫，才能將肌膚上的汙垢整個包覆起來。把泡沫抹在皮脂較多的T字部位，以推動泡沫的方式輕輕搓洗。皮脂較少的兩頰或眼睛周圍，其實是不需要使用洗面乳的。熱水也會使肌膚需要的皮脂脫落，即便是冬天也務必忍耐，用冷水洗臉吧！注意一定要清洗徹底，不要讓洗面乳殘留在臉上。洗面乳每天只要在晚上卸妝之後使用就足夠了。

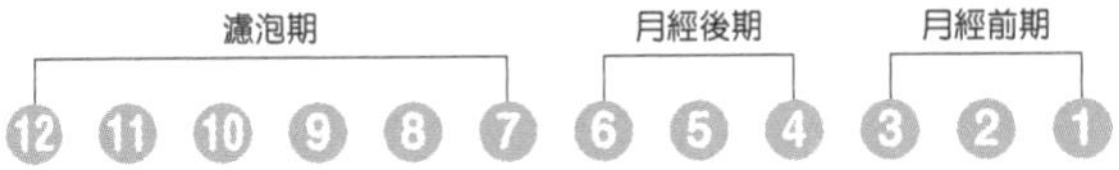

濾泡期
月經後期
月經前期
12 11 10 9 8 7 6 5 4 3 2 1

第19天 放慢腳步，重新審視自己的生活步調

善用芳香精油與冥想沉澱心靈

這時候的身體狀況會慢慢走下坡。為了應付生理期前感到的身體不適，請緩下腳步，調整一下生活步調吧。首先就從養成規律的睡眠習慣開始做起。盡量避免夜生活，每天在固定的時間就寢及起床。覺得情緒出現較大的波動，不妨利用芳香療法幫助自律神經維持平衡，讓心情沉澱下來。推薦的精油有乳香（frankincense）、花梨木、薰衣草、伊蘭伊蘭等，各種精油都可以試試看，不需拘泥只使用某一種精油。睡前冥想並做深呼吸，也能夠讓自律神經回復到原本狀態。

為了應付生理期前一定會報到的身體不適
請調整妳的生活步調吧

盡量避免夜生活
要不要去？
抱歉
下次再去吧
就寢
起床

盡量在同一時間起床及就寢!!

荷爾蒙的平衡狀況是…

黃體素的分泌量大幅增加。雌激素的分泌則有慢慢減少的傾向。

小黃
小雌

黃體後期						黃體前期						排卵期			
28	27	26	25	24	23	22	21	20	**19**	18	17	16	15	14	13

乳 香	花梨木	薰衣草	伊蘭伊蘭
帶有類似檸檬香氣的甜木香	類似玫瑰的清爽甜香	木質調的清爽花香	令人聯想到南國風情的濃郁甜香

可以在裝了熱水的馬克杯中加入1～2滴，享受芬芳香氣

滴1滴在面紙上然後擺在枕頭旁……

冥想並緩慢地深呼吸

可以在臀部下面放個軟墊，坐上去之後雙腳交疊。雙手將右腳往下腹部方向拉，腳底朝上放在左大腿上。左腳也以相同方式操作，但若真的無法盤腿也無須勉強。掌心朝上，雙手上下相疊，拇指指尖相觸形成半圓狀，視線落在前方1.5公尺處。將意識集中在肚臍下方3公分的「丹田」位置，從鼻子吐氣，身體放鬆後吸氣。整個過程都進行緩慢的腹式呼吸。

第20天 做做臉部體操加強肌力，預防鬆弛下垂

開始為維持肌膚彈性而努力

這個時期，能夠活化細胞、製造膠原蛋白的雌激素分泌量開始減少了。此時一定要積極地做運動臉部肌肉的伸展操，將肌膚由下往上抬，預防肌膚下垂。妳可以嘗試做各種表情，例如：睜開眼睛後再緊緊閉上，或雙頰往內吸緊後再整個鼓起等等。嘴巴附近的肌肉特別容易下垂，進食時仔細咀嚼食物，同時強化這個部位。有貓熊眼困擾的人可以輕柔地按摩眼睛周圍。按壓眼尾與眼頭的穴道，還能幫助眼睛消除疲勞或緩和乾眼症。做這些按摩時，力道必須要輕柔，覺得舒服的程度就可以了。外出時一定要搽防曬乳，完全阻隔會破壞膠原蛋白的紫外線。

★有黑眼圈困擾時

按摩眼睛周圍
促進血液循環!!

利用手指以畫圓方式
輕柔地按壓眼睛四周

★眼睛疲勞或有乾眼症的話

按壓穴道疲勞頓時消除!!

利用手指以適當的力道
按壓眼尾或眼頭

荷爾蒙的平衡狀況是…

雌激素的分泌緩緩下降，黃體素的分泌量繼續增加中。

黃體後期 28 27 26 25 24 23
黃體前期 22 21 **20** 19 18 17
排卵期 16 15 14 13

仔細咀嚼食物可以鍛鍊嘴巴四周的肌力喔
嚼
嚼
嚼

運動臉部肌肉的伸展操

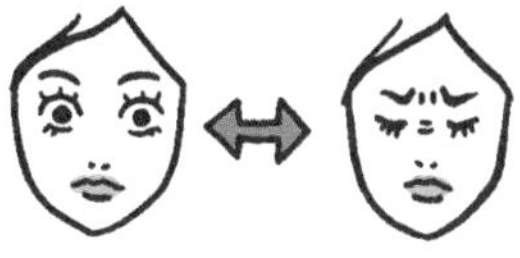

睜開眼睛後再緊緊閉上

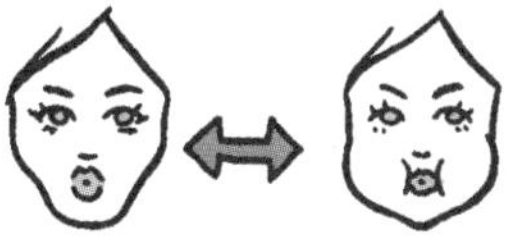

雙頰往內吸緊後再整個鼓起

今天也要確實做好運動臉部肌肉的伸展操唷
然後再搽上防曬乳，避免紫外線破壞膠原蛋白!!
SUN CUT!!
重點是每隔2～3小時就要補搽一次喔

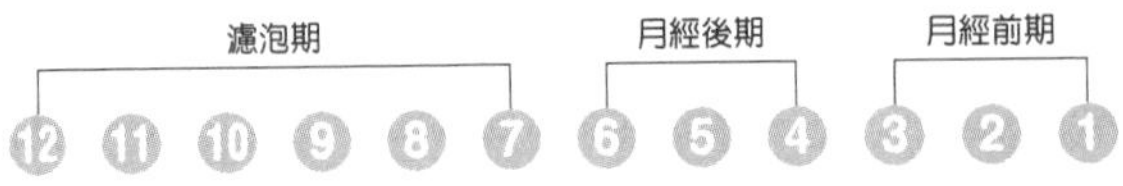
濾泡期
月經後期
月經前期
12 11 10 9 8 7 6 5 4 3 2 1

第21天

睡覺之前按摩腸道，消除便祕行動開始！

排出老舊廢物，通體舒暢

倦怠感、水腫、腰痛、肩膀僵硬、便祕等等身體不適的症狀，應該差不多開始出現了。比起減肥，將老舊廢物排出體外、讓身體保持通暢的工作相形之下更為重要。在這裡要推薦的是能夠消除便祕的腸道按摩。首先介紹小腸與大腸的基本按摩法。平躺，臉部朝上，從左上方以順時鐘方向按摩小腸，接著從右下方以順時鐘方向輕柔而緩慢地按揉大腸。雙手交疊，以四根手指的指腹徐徐施力。其次是能夠幫助宿便排出的推壓按摩。仰躺，膝蓋立起，深壓位於左骨盆附近S狀結腸偏硬的部分。睡覺前按摩，隔天早上就能見效。

小腸與大腸的基本按摩法

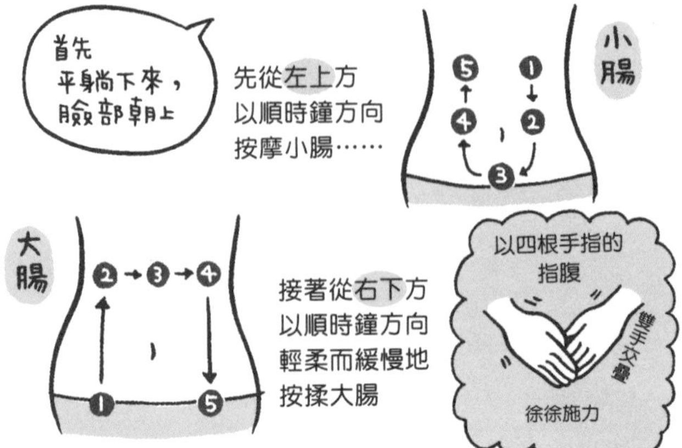
首先
平躺下來，
臉部朝上
先從左上方
以順時鐘方向
按摩小腸……
小腸
大腸
接著從右下方
以順時鐘方向
輕柔而緩慢地
按揉大腸
以四根手指的
指腹
雙手交疊
徐徐施力

荷爾蒙的平衡狀況是…

黃體素分泌量繼續增加。雌激素則持續緩慢減少中。

小黃
小雌

黃體後期：28 27 26 25 24 23　黃體前期：22 **21** 20 19 18 17　排卵期：16 15 14 13

幫助宿便排出的推壓按摩

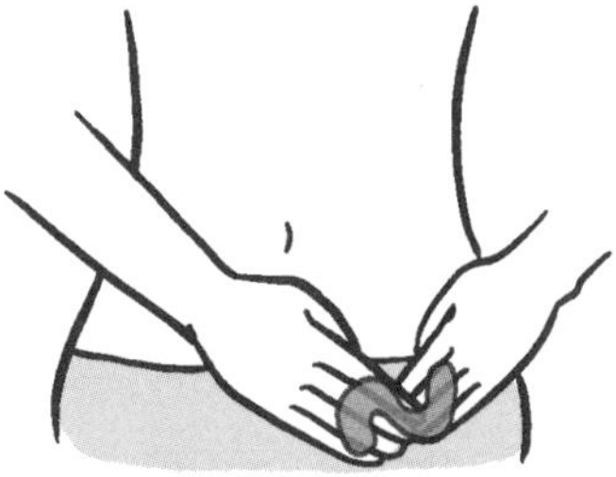

手指交疊放在S狀結腸上緩慢地深壓。按壓時可以適時變換一下刺激的角度

從雙腳交叉，左腳疊在右腳大腿上的姿勢進行按壓，效果更好！
哇喔，這裡真的還滿硬的耶!!
咕嚕

大腸、小腸、S狀結腸有什麼功能？

從胃部送來的食物，當中的養分由小腸吸收，大腸則吸收食物中的水分，剩下的殘渣則形成糞便排出體外。腸道內的細菌若是失衡，或者是大腸的功能不良，就很容易出現便祕，千萬要注意。S狀結腸是糞便排出前的暫存地區。糞便一旦堆積太久變硬，就不容易順利排出體外了。因此，適度地按摩可以幫助妳排便更暢快！

濾泡期 12 11 10 9 8 7 ｜ 月經後期 6 5 4 ｜ 月經前期 3 2 1

第22天

要做重要決定或買東西嗎？最好過幾天再說吧

集中力不佳導致心神不寧

目前正處於精神不容易集中、老是發呆的時期，甚至有焦躁易怒的傾向。放鬆心情、不要勉強自己，是這個時期最應該做的事情。尤其是這段期間的判斷力特別差，重要的決策就暫時往後延吧。由於心神不定、特別容易放縱情緒，有不少人會在這個時候和另一半吵架，但千萬不要草率地在這時候決定和情人分手。最好的方法是將一切暫緩，讓頭腦冷靜一下。不妨趁這段期間挑戰一直很想試試卻沒時間做的料理，或者需要花時間燉煮的菜色，把注意力專注在某一件事情上，焦躁感也會跟著消散。這個方法不但能產生成就感，又能享受美味的料理，真是一舉兩得。總之，一切放慢腳步、努力沉澱心情就對了。

荷爾蒙的平衡狀況是…

黃體素的分泌到達高峰。另一方面，雌激素的分泌量持續往最低量下降。

小黃
>
小雌

說到我那個男朋友!!
這陣子愛理不理的態度實在很讓人火大!!
我看乾脆不要再見面了
焦慮
暴躁
易怒
佐枝子～
妳冷靜一點!!
NO
NO
現在的判斷力很糟
暫時別做重要決定吧!!

為了幫助妳冷靜下來並消解壓力
不要再發簡訊了
我看妳去煮一些有興趣的菜色或燉煮料理吧
搶下
啊
於是
咕嚕咕嚕
滷牛筋
有氣無力地撈除浮沫
……
咦
覺得心情變好了耶
成就感
幸好沒有亂發脾氣鬧分手～
對吧

濾泡期　12 11 10 9 8 7
月經後期　6 5 4
月經前期　3 2 1

第23天

少吃生菜或水果，不論吃什麼都要記得讓身體保持溫暖

緩和下一次生理期的身體不適

黃體素的分泌過了高峰期，黃體期進入後期階段。體內也一步一步準備迎接即將來臨的生理期。為了緩和生理期的身體不適，這時候應該減少攝取會使身體發冷的生菜、水果，多吃能夠溫熱身體的食物，尤其是薯類、薑、大蒜、蔥、味噌、鱈魚子等食材。推薦的第一道料理——蓮藕味噌湯，清脆的蓮藕口感絕對令妳愛不釋口。晚餐若是想要喝點酒，不妨以能夠使身體變得溫暖的紅酒或日本酒取代啤酒。第二道推薦料理是蔥花味噌拌香芋。只要將水煮芋頭拌入調味料即可，即便在忙碌的日子，依然能夠輕鬆上桌。

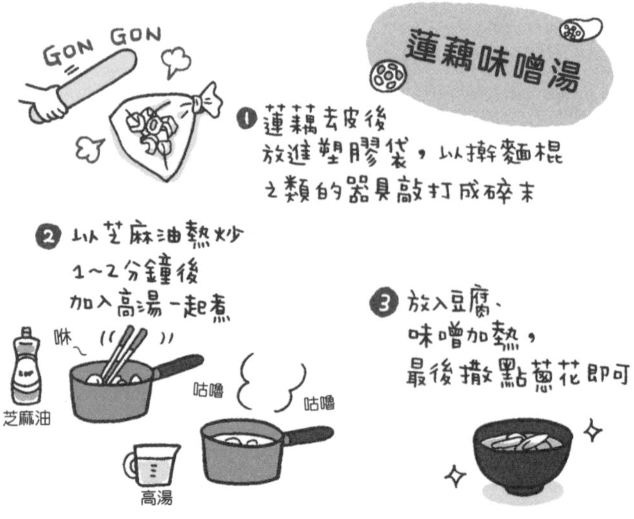
蓮藕味噌湯
GON GON
1 蓮藕去皮後
放進塑膠袋，以擀麵棍
之類的器具敲打成碎末
2 以芝麻油熱炒
1~2分鐘後
加入高湯一起煮
咻~
芝麻油
咕嚕
咕嚕
高湯
3 放入豆腐、
味噌加熱，
最後撒點蔥花即可

荷爾蒙的平衡狀況是…

黃體素的分泌突破高峰之後開始降低。雌激素依然處於低量狀態。

小黃
>
小雌

蔥花味噌拌香芋
水煮 10～15分鐘
❶ 芋頭洗乾淨，水煮之後去皮備用
水煮後撈起泡在冷水中，就能啪一聲、輕鬆剝去外皮囉
好有趣唷!!
啪
啪
❷ 與切好的蔥花、味噌、砂糖、白芝麻醬、蒜泥一起拌勻即可
晚餐時想喝點酒溫暖身體的話，不妨改選擇喝紅酒或日本酒吧
特別推薦熱紅酒♡
嗯～甜甜的味噌裡透著芝麻香，讓人停不下來呀

積極攝取能夠溫暖身體的食物

就中醫來說，食物又分成可使身體發冷或使身體發熱兩種。唾手可得的溫熱身體食材有以下幾種：薯類、南瓜、蓮藕、牛蒡、紅蘿蔔、韭菜、大蒜、薑、起司、紅肉魚、魚卵、鱈魚子、海帶芽、海苔、羊栖菜、芝麻油、味噌、醬油、黑糖等等。飲料類的烘焙茶、日本酒、紅酒等等也都具有溫暖身體的功效。平常可以特別多攝取這一類的食物。

濾泡期　12 11 10 9 8 7
月經後期　6 5 4
月經前期　3 2 1

第24天

忍耐一下，暫時遠離咖啡因、酒精和甜點！

不要勉強自己控制食慾

此時的食慾大開，對於咖啡因或酒精等刺激物品的需求十分強烈。雖然總是不自覺地伸手去拿甜食，但這些嗜好品由於含糖量過高，很有可能造成暫時走下坡的體況變得更糟。如果妳「實在很想吃！」的話，一定要訂個上限，例如一天最多3片巧克力、一天只喝1杯啤酒等等，慢慢享受它們的滋味。少量攝取滿足一下身心的慾望，總比因為強忍卻失敗導致復胖來得好吧。

果乾具有適度的甜分又能提供咀嚼感，是最適合這個時期的零嘴。搭配一杯溫熱的紅茶，攝取的分量不必多，卻非常能夠讓人得到滿足。

今天的食慾好像特別旺盛～
嗚～還想再吃更多耶～
這個時候
就吃加了大量蔬菜的食物增加飽足感吧
吃再多也OK!!

簡單的義式蔬菜湯

❶ 將培根、高麗菜、洋蔥、紅蘿蔔、馬鈴薯等任何喜歡的蔬菜切成1公分小丁，和水一起放入鍋內

切成1公分小丁
水

❷ 打開罐裝番茄，與高湯塊及月桂葉放入鍋內一同燉煮

荷爾蒙的平衡狀況是…

黃體素的分泌告一段落，開始減少。雌激素的分泌則依然在低量處徘徊。

小黃
小雌

黃體後期：28 27 26 25 **24** 23
黃體前期：22 21 20 19 18 17
排卵期：16 15 14 13

這個時期要積極攝取
能夠和緩PMS（經前症候群）
的黃豆製品唷！
啾
黃豆
黃豆是女性的好朋友
起司豆漿鍋
❶ 雞肉、蕪菁、
紅蘿蔔、高麗菜、
馬鈴薯等
切成一口大小後
放進鍋內熱炒
一口大小
❷ 加入水與高湯塊
一起燉煮
水
咕嚕
咕嚕
喔，
看起來很健康
滋味卻相當濃厚，
太滿足了!!
很適合
女生辦火鍋會
一起吃耶
❸ 放入豆漿、
撕碎的卡蒙貝爾起司
煮滾後調味即可
豆漿

女性的堅強後盾！大豆異黃酮

納豆、豆漿、黃豆粉等黃豆製品中含有大量稱為異黃酮的天然成分，這種物質的功效與人體內的雌激素類似。也就是說，它是女性體內不可或缺的重要夥伴。尤其是在雌激素分泌量減少的黃體期，大量攝取將有助於減緩因為經前症候群引起的頭痛、肩膀僵硬、下腹痛、焦躁、憂鬱等症狀。從食物中攝取大豆異黃酮是最理想的，如果真的沒辦法，利用營養補充品來補充也是可以。

濾泡期 12 11 10 9 8 7｜月經後期 6 5 4｜月經前期 3 2 1

第25天

拉拉筋伸展一下，緩和惱人的肩頸痠痛與腰痛

幾乎看不到瘦身效果的時期

即使拚命減肥，按照現在的身體狀況來看，可以說幾乎看不出成效。不如暫時停止激烈的運動，改做能夠緩和日漸僵硬的肩頸伸展操吧。點上喜歡的芳香精油，一邊伸展身體，心情也會跟著慢慢沉澱下來。首先，平躺在棉被或床墊上，右手臂往上舉高，放在頭旁邊。右手臂與左手臂同時往反方向拉，讓肩膀、手臂、腳部的肌肉獲得伸展。另一邊也以相同方式操作。接著要做的是採取俯臥姿勢、彎起手肘撐起身軀，然後一口氣抬頭並反拱背部的眼鏡蛇式。整個過程不需要勉強，以覺得舒適的程度來進行，可以幫助妳緩解腰痛的困擾。

對付肩膀痠痛的……
簡易伸展操
1 躺在棉被或床墊上，右手臂往上舉高，放在頭旁邊
2 右手臂與左手臂同時往反方向拉，讓肩膀、手臂、腳部的肌肉獲得伸展
3 另一邊也以相同方式操作
伸展—
伸展—
睡前做效果更好喔
唉呀這傢伙
舒服到直接睡著—

荷爾蒙的平衡狀況是…

雌激素與黃體素的分泌量都減少了，持續往下降低。

小黃
小雌

緩解腰痛的
眼鏡蛇式

❶ 採取俯臥姿勢，
雙手打開與肩膀同寬，
手肘彎起

❷ 撐起身軀，
抬頭
並反拱背部

這個動作好舒服唷♡
抬頭

伸展時不需要勉強，以覺得舒適的程度來進行就好了
喀嚓
太勉強結果卡住了……

濾泡期　月經後期　月經前期

12 11 10 9 8 7 6 5 4 3 2 1

第26天

攝取維他命C與E，馬上改善肌膚問題！

聰明活用營養補充品

由於血液循環不良，臉部的浮腫開始變得明顯，黑眼圈、黑斑、發癢等過敏症狀也容易出現，肌膚問題不斷浮上檯面。成人型青春痘與皺紋也讓不少人感到困擾。面對即將來臨的生理期，最好趁現在重新審視自己的飲食習慣。首先要多攝取能夠抑制皮脂分泌、同時能讓色素還原的維他命C，來預防青春痘與皺紋。它還具有強化微血管的功能，可以緩和黑眼圈的形成。多加攝取能夠預防細胞氧化、改善血液循環的維他命E，可以大幅改善黑斑的狀況。一定要多吃豆類、蔬菜水果，讓維他命確實被送往身體需要的地方。若因為太忙沒辦法從食物中攝取，不妨善加利用營養補充品。

含有豐富維他命C的食物
可以預防青春痘與皺紋!!
青椒
高麗菜芽
綠花椰菜
花椰菜

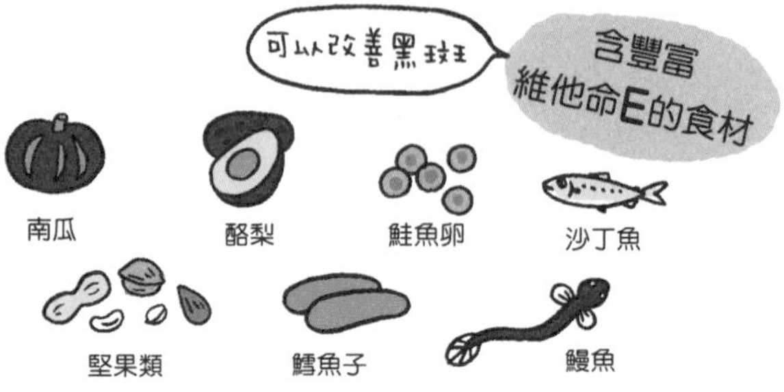

可以改善黑斑
含豐富維他命E的食材
南瓜
酪梨
鮭魚卵
沙丁魚
堅果類
鱈魚子
鰻魚

荷爾蒙的平衡狀況是…

雌激素與黃體素的分泌量都偏低。基礎體溫則依舊保持在高溫狀態。

小黃
小雌

黃體後期 | 黃體前期 | 排卵期

28 27 **26** 25 24 23 22 21 20 19 18 17 16 15 14 13

當心容易產生皺紋的食材！

攝取含有許多維他命C的奇異果、檸檬、巴西里、芹菜、蕎麥麵、酸菜等食物的時候，一定要注意。因為這些食材也同時含有易感光、一旦照到陽光就會形成皺紋、稱之為補骨脂的物質。白天最好避開這些食材，盡量選擇在晚上食用。同時也要避開會造成皺紋及黑斑的紫外線。一整年當中只要外出就一定要搽防曬乳。重點是不必用力塗抹，只要輕輕搽在皮膚上，隨時補搽就可以了。

濾泡期：12 11 10 9 8 7
月經後期：6 5 4
月經前期：3 2 1

第27天

聚會或活動通通都跳過！專心地待在家裡吧

做好迎接生理期的身心準備

為了能夠輕鬆愉快地度過下一次的生理期，該開始做好身心準備了。早上起床之後，一定要果斷地告訴自己「今天要早點結束工作，趕快回家」。如果是突然蹦出來、不去不可的應酬，那就沒辦法，但如果是很早以前就約好的聚餐或活動，不妨改天再約吧。尤其是明知道會讓自己筋疲力竭的活動，一定要斬釘截鐵地拒絕。工作順利、身體狀況良好時稍微超過負荷是無所謂，但今天就適可而止吧，不要勉強。悠閒地喝喝茶，看一片想看的電影DVD，享受輕鬆愉快的時光。建議妳回到家之後，當機立斷關掉電腦與手機的電源吧。

準時讓工作告一段落，快快回家去!!
今天早上請下定這個決心♥
什麼～
如果剛好遇到前輩邀約下班去喝一杯呢？
那就斬釘截鐵地拒絕她
長角
舉起

荷爾蒙的平衡狀況是…

雌激素與黃體素兩者的分泌量都偏低。基礎體溫維持在高溫狀態。

小黃
小雌

大哭或大笑有助於紓解壓力

要擺脫焦慮感及情緒低氣壓，最簡單的方法就是看電影或看書，讓自己大哭或大笑一場。讓情緒波動並散發出來，可以讓壓力一點一點的宣洩、釋放。笑的時候就捧腹大笑，哭的時候就掐心肝似地嚎啕大哭吧。像這樣大哭或大笑之後，妳會驚訝地發現心情豁然開朗了。平常可以多蒐集這方面的電影或書籍，等到這一天到來時，就能派上用場了。

第28天

睡覺之前關掉電燈，點燃芳香精油泡澡，享受心靈平靜的美好時刻

月經前期：1 2 3
月經後期：4 5 6
濾泡期：7 8 9 10 11 12

趕走焦躁與緊張感

保養的最後一天，享受一下獨自沉澱心靈的美好時刻吧。在一天即將結束之前，不妨關掉電燈，試試看芳香精油沐浴。作法非常簡單，首先將浴室的燈光關掉，點燃蠟燭後，在浴缸旁邊找個平穩的位置放好。滴幾滴喜歡的精油在浴缸內，接著只要閉上眼睛，靜靜地泡在熱水裡就行了。熱水的溫度大概是38～40℃，進行20～30分鐘左右的半身浴。膚質較脆弱的人可以將精油滴在裝了熱水的臉盆或咖啡杯內，擺在浴缸旁。在幽暗的空間裡閉上眼睛，更能感受到精油的芳香氣味，放鬆效果更好。這個作法能夠幫助自律神經維持平衡，撫平焦躁感及緊繃的情緒。

推薦可以在
這個時候使用的
芳香精油

● 薰衣草：可調整自律神經維持平衡

● 伊蘭伊蘭：引導身體放鬆，安撫緊張與不安的情緒

● 甜橙：可以穩定情緒，讓心情變得開朗

● 馬郁蘭：可以抑制過於亢奮的神經

● 天竺葵：能夠緩和焦慮感及精神上的壓力

荷爾蒙的平衡狀況是…

雌激素與黃體素的分泌量同樣繼續走低。基礎體溫到今天為止依舊維持在高溫狀態。

小黃
＝
小雌

關燈 精油浴

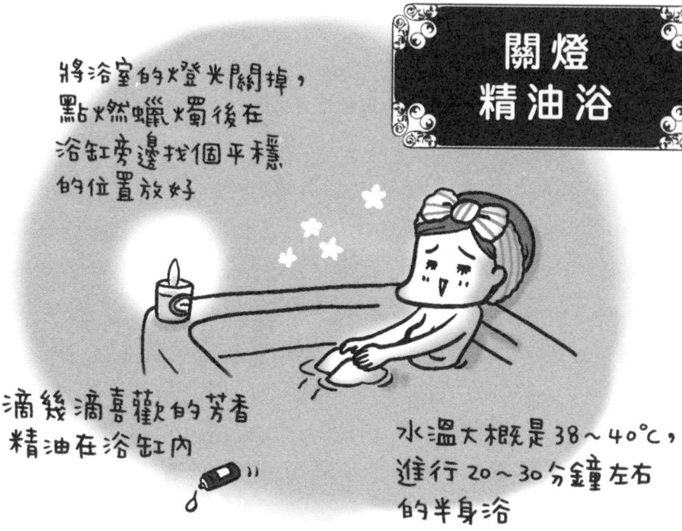
將浴室的燈光關掉，
點燃蠟燭後在
浴缸旁邊找個平穩
的位置放好
滴幾滴喜歡的芳香
精油在浴缸內
水溫大概是38～40°C，
進行20～30分鐘左右
的半身浴

膚質較脆弱的人……
可以將精油滴在裝了
熱水的臉盆或咖啡杯內，
擺在浴缸旁唷

溫和的刺激 讓身心維持平穩不失衡！

神經與荷爾蒙、免疫力彼此關係緊密，因此在視覺、嗅覺、觸覺等給予溫和的刺激，調整自律神經維持平衡，對於荷爾蒙及免疫力也會帶來正面的影響。換句話說，嗅聞芬芳的香氣、遇到很棒的對象心頭小鹿亂撞時、以及性愛的時候，都有助於調整荷爾蒙趨於平衡。此外，看到性感的人時內心也會自動描繪出性感的畫面，腦部因而同時順暢地分泌各種荷爾蒙，對於維持荷爾蒙的平衡也有相當大的助益。

氣味相投的夥伴們

今天是我第一次上廚藝教室
為了將來的男朋友，我要努力點才行～♡
圍裙也是全新的
啊 可是……
聽說最近有滿多「下廚男子」出現，說不定有機會遇到新對象……
好害羞喔～
佐枝子小姐的刀工真好耶……♡
呵呵，是嗎
心動
實際上
退休的歐吉桑大軍
……
這是我的興趣
反正閒著也是閒著
請多多指教
是我老婆叫我來的啦……
如何呀？
廚藝教室……
啊
那個……
我可是非常專心呢!!
怎麼一副意興闌珊的模樣？
對於料理啦……

第4章

性感與健康兩立才是王道

妳準備好成為成熟女人了嗎？

30歲之後的女性非做不可的功課是去婦產科做檢查？

HEALTH
佐枝子已經到了這個年紀
該多關心自己的健康才是！
不不不～
我還只有20幾歲，應該沒問題吧～？
不好意思喔
啊，不過我或許有點虐待自己的肝臟就是了……
酒
這也是另一個讓人擔心的地方—
妳知道20～30歲發病率最高的子宮頸癌，以及成年女性每10人就有1人罹患的子宮內膜症嗎？
咦
妳說什麼
不是說年輕人不會罹患子宮癌或乳癌之類的疾病嗎？
真的假的!?
她果然不曉得～
性感與健康兩立才是王道!! 知道嗎？
而且……
20幾歲的時候還能勉強身體，到了30歲就會開始明顯感覺到力不從心了～
嗚嗚 我公司的前輩也說過一樣的話耶
驚

用心聆聽身體的聲音，才能成為完美的女人！

妳現在是否已經能夠實際感受到體內在28天之間所產生的劇烈變化了？調整荷爾蒙維持平衡，讓排卵與生理期都能規律地報到，基本上妳就已經算是一個及格的女人了。但若是因此便滿足，那就太可惜了！能夠理解女性荷爾蒙的作用與循環，進而在體內建造屹立不搖的支柱」，不再讓自己的身體狀況於好與不好之間隨波逐流，才是蛻變為成熟女人的第一步。

在這裡，我要告訴大家如何在日常生活中讓小雌（雌激素）和小黃（黃體素）維持最佳平衡的祕訣。只是再怎樣苦勸那些不論工作或私生活都忙得不可開交的30歲女性「生活要規律！」大多是沒有用的。為了今後能夠當個更美麗、更性感的女人，我只列舉出非做不可的事。

首先是：放棄妳的完美主義吧。我知道大家都希望挑戰更高的工作目標，也明白妳們的責任心都很強，也贊同

緊張忙碌的每一天……
這份資料今天要整理好……
啊
開會的時間到了
手忙
腳亂
女性聚會絕不可缺席!!
當然要去—!!
媽呀～好痛苦啊
累癱
工作和個人活動不要排得這麼滿，要懂得適可而止唷
我懂妳的心情

認真的女人最令人激賞。但必須隨著排卵及荷爾蒙平衡的高低變化而活的女性來說，過度的壓力是百害而無一利。有時候妳就是得放手將一切交給某人，或拋下所有讓自己放空。學會如何控制自如，也是成為獨當一面的女人智慧。

飲食方面也是同樣道理。我知道每天都要做到滿分不太可能，一忙起來還是得靠泡麵之類的食物解決。不強求每一天都要做到，但至少接連幾天都能飲食均衡，我想這樣應該會輕鬆許多。

其次是要認真聆聽身體的聲音。身體狀況好時稍微勉強一點無所謂，要是覺得「無精打采」「好累」的話，不必挑戰自己的極限，馬上緩下腳步，讓身心獲得充分的休息吧。回家之後不要只是沖澡，不妨悠閒地泡泡澡，花點心思提升自己的睡眠品質。能夠有效轉換自律神經開關的早餐，也是成為完美女人不可疏忽的重點。

今天腸胃有點疲倦，喝點湯就好了……
這樣才對
點頭
一定要聽從身體的呼喚
不必每天都吃大魚大肉!!

一點也不必害怕！找個能夠信賴的婦產科吧

生理期的症狀嚴重或因為PMS（經前症候群）使身體非常難受時，當然要馬上去看婦產科。但即使排卵與生理期一切正常，我還是強烈要求每年要做一次婦產科檢查並能確認荷爾蒙的平衡狀態。這也是晉升成熟女性的必做功課。

或許有人「其實從來不曾看過婦產科」，如果不想第一次去婦產科看診就被診斷出罹患子宮癌，最好趁早去婦產科做檢查。

首先替自己找個值得信賴、可以經常諮詢的婦產科吧。對從未看過婦產科的人而言，最大的瓶頸或許就是「到底都是做些什麼檢查？如何檢查？」的不安感，接下來就簡單地為大家說明診察的流程。

首先一定要攜帶的就是基礎體溫表。內容可以參考36頁。除了體溫表，平常最好能夠將自己的分泌物狀態以及

如何挑選可以放心前往的婦產科
那家診所還不錯～
親朋好友口耳相傳的診所應該是不會太糟糕啦……
但上網搜尋一下並打電話向認為還不錯的診所詢問也是個好方法
我想詢問關於檢查的內容
看看櫃檯的回覆態度如何！
回覆態度良好的診所，實際就診時也大多很親切

每年生日的當月去看診，就不會忘記要定期檢查自己的健康狀態了!!
就診是
Birth Day
給自己的最好禮物
強烈要求!!
每年都要去婦產科做一次檢查!!

身體狀況等等記錄下來。生理期間避免看診，就診之前請先上廁所。診察時通常會先進行問診，這時候可以將不安的情況或症狀告訴醫師。接著會請妳到更衣室脫下內褲，並移動到內診檯。依循護士的指示坐在椅子上，兩腿張開，腳各自放在左右的檯子上。一般來說會拉上隔簾到腰間處，這樣進行內診時就不必擔心要跟醫師四目相對了。

內診時首先會進行腹部或陰道的觸診，或者是超音波檢查，看看子宮或卵巢的大小、狀態等等。接著會將器具插入陰道內，進行可檢驗是否有癌細胞的細胞診檢查，或檢查是否有細菌等等。過程中或許會有些微的壓迫感或不舒服的情況，但基本上整個過程最多不會超過5分鐘，就忍耐一下吧。

擔心醫藥費太高的話，不妨前往公立醫療院所接受診察。詳細資訊可上網搜尋。

最多5分鐘就結束了♪
接下來要開始內診了
螢幕
中間會隔著簾子
好
內診
毯子
最好穿著寬鬆的裙子
過程會輕鬆許多
但千萬別穿絲襪……

子宮頸癌疫苗
為妳守護子宮與性命

將近30歲左右的女性最需要注意的就是「子宮頸癌」。在日本，每年有一萬五千人發現罹患子宮頸癌，當中有大約三千五百人因此喪命，是一種相當可怕的疾病。尤其是20～30多歲的女性罹患率最高，是屬於年輕女性特有的癌症。

癌症會出現在子宮口附近，由於初期幾乎沒有症狀，不太可能自我發現。若是發現有不正常出血、茶褐色或黑褐色分泌物增加、性交時出血、下腹部或腰痛等症狀時，很有可能是癌症正在形成。進行手術時除了有癌細胞的子宮頸外，有時候必須連同卵巢、子宮等都得全數摘除，很有可能因此失去懷孕、生產的機會。一旦癌細胞蔓延到附近的臟器，就得連同一併摘除，甚至有可能因此喪命。

子宮頸癌的成因有幾乎百分之百的機率是透過皮膚與皮膚的接觸，也就是透過性交感染了人類乳突病毒

子宮頸癌
是每年大約有1萬5千人
罹患的疾病……
即便施打疫苗
也不能保證
萬無一失
幾歲的女性
罹患率非常高!!
子宮頸癌
哇嗚～
每年一次
定期檢查
才能早期
發現!!

（HPV）。這是一種相當常見的病毒，事實上有大約八成的女性一輩子都會感染一次。這種病毒有一百種以上的形式，當中會導致癌症的大約只有15種。目前已經有相對應的預防疫苗（自費約一萬零五百元），半年內必須施打三次，可以長期保護身體免受感染的威脅。

不過這種疫苗無法消除已經感染的病毒，因此必須每年定期做一次診察。初期發現的癌細胞若只是滯留在子宮頸黏膜上皮，可以只切除該部分、保留子宮，今後還是有辦法懷孕生子。由於從感染到演變成癌症有可能歷經數年～十多年，唯有定期檢查才有可能早期發現與治療。

另外，乳癌是另一個女性罹患率及死亡率極高的疾病，即便沒有自發症狀，最好還是養成每年去一次婦產科接受檢查的好習慣。

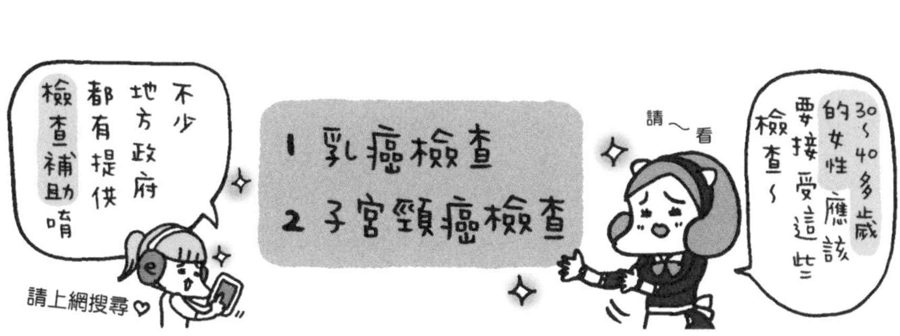
30～40多歲的女性應該要接受這些檢查～
請～看
1 乳癌檢查
2 子宮頸癌檢查
不少地方政府都有提供檢查補助唷
請上網搜尋♡

徹底檢查分泌物，千萬別錯過身體的警訊

濕濕黏黏又有臭味，還會把內褲弄得髒兮兮，「分泌物」真是個討厭的東西——應該有不少人都這麼想吧。不過對女性來說，分泌物是不可或缺的重要指標。它是子宮內膜、子宮頸、陰道壁、汗腺、皮脂腺等分泌物的集合體，也就是來自身體的訊號。仔細觀察分泌物，就可以了解自己的身體狀態。

只是分泌物又不可能拿來跟別人比較，自己是否和別人不同、到底算是正常與否等等問題，實在很難判斷。由於分泌量與狀態因人而異、無法一概而論，但可以參考以下的內容，確認一下自己的分泌物是否處於標準範圍內。

分泌物最大的特徵就是會隨著生理週期而改變。在月經期間幾乎不會有分泌物，一旦進入濾泡期，比較清澈的分泌物便開始出現。隨著排卵期的靠近，分泌物的分量增加，排卵之後甚至會出現用手沾取時可拉出細絲的分泌

雖然已經在76頁的時候說過了
閃—
這件事真的太重要了，所以再複習一次！

物。這是為了讓精子更容易進入子宮頸，方便卵子受精。在黃體期間內，分泌物的量會減少，狀態則是呈現白色濁狀的黏稠物。生理期即將來臨前，分泌物分量再次增加，臭味也變得強烈。這時候的分泌物變成防止陰道內的細菌進入子宮的守門員。

身體健康時分泌物呈現透明或白色。沾黏在內褲上的分泌物看起來若像是黃色的，其實也沒什麼問題。如果是像一層薄薄的醋、或是散發著類似優格般酸臭味，那是由陰道內一種乳酸菌所分泌的乳酸所造成，不必擔心。

若是臭味非常強烈，或者分泌量突然增多，就有可能是疾病所造成。像乳酪般的白色分泌物且外陰部伴隨著強烈搔癢感，有可能是因為體力變差而出現的念珠菌性外陰陰道炎，至於臭味強烈的黃色分泌物，則有可能是淋病或披衣菌等性傳染病。茶褐色的話則懷疑有可能是子宮癌或子宮頸癌。總之有這些症狀，一定要馬上去看婦產科。

分泌物的種類

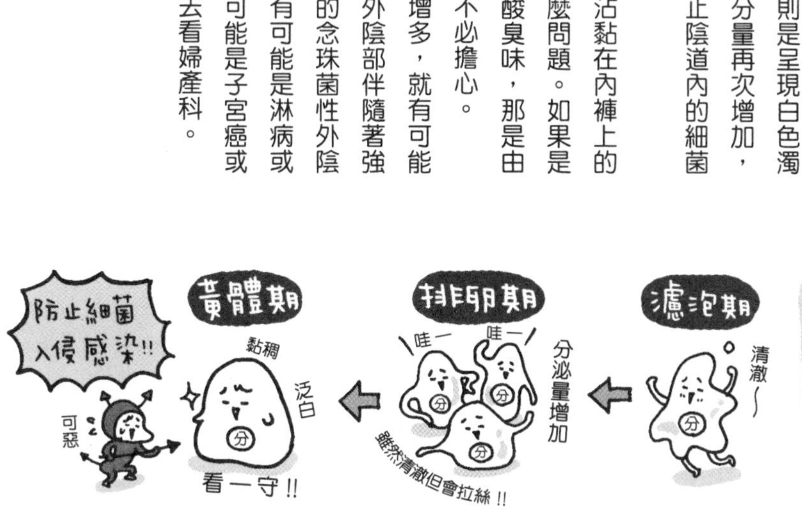

濾泡期
清澈～
排卵期
分泌量增加
哇一
哇一
雖然清澈但會拉絲!!
黃體期
黏稠
泛白
看一守!!
防止細菌入侵感染!!
可惡

生理期前的症狀如果很難受，不妨試試看低劑量的避孕藥

一到生理期前，乳房和下腹部的脹痛感變得強烈，成人型青春痘也令人苦惱。倦怠無力加上焦躁感，還有堆積成山的工作要處理，一切都讓人無法順利入眠。雖然這些症狀讓妳十分困擾，但這同時也表示能夠協助受精卵著床、持續懷孕狀態的小黃（黃體素）正在努力工作。

有大約八至九成女性多少有過生理期來臨前身體不適的經驗，其中大概會有一至兩成女性的生活會因此受到嚴重干擾。這種狀況若是持續三個月以上，醫師就會診斷是「PMS（經前症候群）」。有這種困擾的人不要默默承受，一定要儘早去婦產科尋求醫師的協助。

治療上大多會使用「低劑量避孕藥」。一說到避孕藥，大多人會聯想到是用來抑制排卵，但由於避孕藥當中含有小雌（雌激素）與小黃（黃體素）成分，能夠讓荷爾蒙維持在一定的均衡狀態，進而緩和PMS的症狀。除了

避孕藥
每天都要吃，好麻煩喔～
我可能會忘記吃耶
妳可以像這樣
「早餐之後馬上吃……」
午餐後或睡覺前也可以
在日常生活中設定一個固定的時間來執行就不容易忘記了♡

降低卵巢與子宮的負擔，還有助於安定情緒，讓人得以專注在工作或興趣上，算是一舉兩得。

也有不少人因為擔心避孕藥「也許會造成什麼危險」或「不知道是否可以長期使用」，因此避而遠之，但其實它幾乎沒有副作用，大可安心服用。停止排卵的期間，卵巢就只是處於休息狀態，如此而已。根據資料顯示，服用避孕藥甚至有助於降低卵巢罹患疾病的風險。或許有人聽聞過服用避孕藥會變胖，但那是因為過去的避孕藥當中荷爾蒙分量較多，而目前日本國內使用的是低劑量避孕藥，服用者並不需要擔心因此發福。

此外，生理期間的下腹部痛或噁心、腰痛、水腫等經痛症狀，都可以服用止痛藥來緩解，不需要勉強自己忍耐。至於疼痛一直未能消除的「月經困難症」，也可以比照治療ＰＭＳ的方法，服用低劑量避孕藥來緩和症狀。

其實還滿擔心這個的……
佐枝子80公斤
出局—
資訊過時
吃避孕藥會發胖已經是舊聞了!!

每10位女性就有1人罹患「子宮內膜異位症」？

妳是否每個月都為了生理期的疼痛而煩惱？其實這不單單只是經痛，也有可能是經常發生在20～30歲女性身上的疾病之一——子宮內膜異位症。如今的成年女性當中，每10人就有1人罹患這種疾病。

生理期結束時，會隨著開始加速分泌的小雌（雌激素）而增生，且排卵後若無受精卵著床便會剝落成為月經的，正是子宮內膜。所謂子宮內膜異位症，是指類似子宮內膜的組織在腹膜、卵巢、直腸、輸卵管、腸壁等等子宮以外的地方生成的一種疾病。這些組織同樣會受到荷爾蒙的波動而轉變成為月經剝落、出血，但因為這些部位並不像子宮內膜般有陰道這個出口，經血無法排出體外，於是滯留在身體裡，有可能因此與周遭的臟器、組織黏合，或者造成發炎。一開始並沒有明顯的自覺症狀，大多數人都不會加以理會，以至病灶逐漸擴大。症狀嚴重者每次生理期都會痛到睡不著，甚至出現幾乎要人命的腰痛。滯留在體內的血液變得濃稠會使卵巢肥大，而輸卵管一旦沾黏阻塞，就可能導致不孕。另外還可能出現的症狀有排便疼痛、性交疼痛、腰痛、下腹痛等等。

子宮內膜異位症的成因目前尚未明朗，只要是還有月經的女性，就有可能罹患這種疾病。根據最新的研究，10幾歲時經痛就很強烈的女性，未來罹患子宮內膜異位症的機率也比較高。

治療方式有服用低劑量避孕藥之類的荷爾蒙藥劑來暫時停止排卵、服用止痛藥或中藥來緩解疼痛，以及透過手術摘除等等方法。可惜的是，以目前的醫學技術，想要完全根除就只有將卵巢、子宮全數摘除一途。未來有打算要懷孕生子的女性，最好把治療方法也納入妳的人生計畫內，盡快找個值得信賴的婦產科醫師吧。

以後
生了孩子
的話……
差不多是這種感覺吧？
我們兩個可是殷切期盼
佐枝子這一天的到來呢♡

沮喪的女性上班族佐枝子變身水潤粉領族！

是「他」傳來的簡訊耶♡
羞～
沒錯，我終於有「男朋友」了♡
呵呵呵～說今天想見我呢～♡
一大早就這麼黏人～♡
生理期前的焦慮就快到了，還是趁現在趕緊去約會吧
就穿這套衣服吧—
登—場
全新的唷～
可是穿這樣會冷耶
現在是黃體期吧
……
嗯
靜——悄悄
呆～
對了，最近那兩位好像都沒出現了耶
一開始覺得她們兩個很囉嗦……
穿成那樣會冷吧
加一件披肩吧～
煩死了～
能不能別管那麼多啊～
但自從乖乖照做小黃與小雌教我的1天1保養後
幾乎不長青春痘了耶
不只有體況，肌膚也變得更好了……
這件工作就交給妳了!!
什麼
也能夠心平氣和地把工作做好

戀情也順利進展中～♡
……
喔，又回覆我了
看來我們兩個不出場也沒問題了呢
是呀
雖然一路出了許多狀況……
這個馬鈴薯切不開啦～～
？
咕咕
好危險
刀子都生鏽了!!
又喝得醉醺醺，妝也沒卸就去睡了對吧
驚ー
花點心思可以穿得漂亮又不會冷
喔～
這件褲襪好可愛唷♡
但佐枝子已經沒問題了……!!
今天要做半身浴喔
好麻煩喔～
我要看電視～
就像個一點一滴慢慢
拉拔長大的孩子呀
唉ー～……
好ー吧
終於有時間玩之前買的新遊戲了
我要去泡溫泉～
可以去遠一點的地方了～
……
接下來
就輪到妳囉
轉身

如果妳也想變得更美麗
現一身
「哪天」打算也生個孩子的話
登一場
快快利用這本書讓妳體內的小雌與小黃
維持最佳平衡吧♡

後記

明明已經睡很久卻還是很想睡、疲勞感一直無法消除、肌膚粗糙，發現這些症狀後沒多久，狀況又通通消失，彷彿不曾發生過似的，身心都重新回復活力。女性每天的身體狀況都不斷變化著。其實身體狀況好或不好的原因，都暗藏於女性荷爾蒙的水平當中。

要調整、控制肉眼看不到的東西，是一件相當困難的事。但若以生理期為中心，以月為週期單位來規畫，就比較容易掌握重點了。「小雌（雌激素）活潑有朝氣，排卵期前後的肌膚與心理就會處於良好狀況」「差不多要開始便祕了，焦慮感也逐漸增強，這是因為小黃（黃體素）正在為懷孕做準備」，像這樣讓身體實際去感受身心狀況與女性荷爾蒙之間的關係及影響，就能慢慢適應。即便偶爾因為工作太忙碌以至無法照顧身心，或者是玩樂過了頭，也都能迅速回復到原本的狀態。

女性荷爾蒙雙人組理所當然會一直陪在妳身旁。閉上眼睛、沉澱心靈，妳會發現小雌（雌激素）和小黃（黃體素）正站在妳面前呢。如果妳希望身為人母的願望成真，從今以後一定要仔細地聽從這兩人的指導，做好1天1保養的基本工作，好好呵護她們兩位唷。

女性荷爾蒙散發中!!

小雌那傢伙到底都在玩什麼遊戲呀？
熱中!!
拼圖嗎？
RPG？
偷偷看一下……
悄聲
!!
戀……戀愛
模擬遊戲!?
小雌主人有什麼可以為您效勞的嗎
真是太意外了……
嚇一大跳
而且還是戴眼鏡的管家……
嗯，對呀
此外她也很喜歡玩戰國時代的遊戲唷～
都派一些長相俊俏的武將出場

●參考文獻表●

《擊退不適、還我美麗　女性荷爾蒙基本事典》
平田雅子（監修）／成美堂出版

《女性荷爾蒙的美麗祕密》
松村圭子／永岡書店

《讓身、心、肌膚擁有好氣色　女性荷爾蒙的神奇力量》
增田美加、對馬琉璃子／大和書房

《20 歲的妳應該擁有的女性荷爾蒙聖經》
中村裕惠（監修）／河出書房新社

《女性荷爾蒙講座　創造美麗的「身・心・肌膚」》
對馬琉璃子、吉川千明／小學館

《熟女如何跨越女性荷爾蒙危機 !!》
對馬琉璃子／寶島社

《認識 PMS（生活人新書）》
相良洋子／ NHK

《「女人」失格（講談社 +a 新書）》
對馬琉璃子／講談社

《an・an 別冊　讓女性荷爾蒙幫助妳變得更美麗 !》
松村圭子（監修）／ magazine house

《月瑜伽　調整身心 28 天淨化術》
島本麻衣子／講談社

《可愛身體急救箱　塑造舒適身心的 70 個方法》
寺門琢己／ media factory

《日經 Health premier》
2009 年 3 月號、2012 年秋季號、冬季號／日經 BP

●參考網站●

女性美麗・窈窕

http://sp.kirei-r.jp/

Titan 圖文學習書，讓你學什麼都好簡單！

好好生活、慢慢吃就會瘦：1年實驗證明，減重30公斤全紀錄

作者：渡邊本

想小酌的日子搭配一盤微醺美人拼盤，
享用恰到好處的份量。
改以美容用品來犒賞自己減重的成績，
而非吃到飽。
要在不覺得勉強的時段嘗試運動等等。

30天生薑力改變失調人生

作者：石原結實、HATOCO

與頭痛、肩膀僵硬、全身無力、
發燒纏鬥10年以上的作者HOTOCO，
30天內親身實證
石原結實博士的「生薑健康法」，
從此告別畏寒、便祕的人生。

腸美人：健康從腸的保養開始！

作者：小林弘幸、宇田廣江

使用了本書的8個步驟，
整個人，整個腸道……
完全變得乾乾淨淨，清清爽爽啦……
──實驗見證者／本書插畫 宇田廣江

Titan 圖文學習書，讓你學什麼都好快樂！

第一次有人這樣教我理財：從今天開始，我不再缺錢

作者：宇田廣江，泉正人

任何人都看得懂的漫畫理財書，徹底消除你對缺錢的不安！

為什麼錢老是存不住？
錢總是在不知不覺當中不見了……
對金錢沒什麼概念的家庭主婦宇田廣江努力追尋金錢知識。

就這樣變成30歲好嗎？

作者：鳥居志帆

怎麼快要30歲了，卻沒什麼常識！
不安與疑問一大堆，怎麼辦？
教你理財、美容、
各種場合的禮貌注意事項專門知識，
讓妳不會變成「就只是個歐巴桑」的教科書。

結婚一年級生

作者：入江久繪

日本狂銷40萬冊以上！
未婚預習，
已婚學習。
最佳婚姻生活教科書！

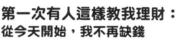

國家圖書館出版品預行編目資料

【圖解】神奇荷爾蒙：每個女生都會想知道的美膚生理學／關口由紀 監修；Inamo Akiko 撰文；福地真美插畫；陳怡君 譯 ── 初版 ── 臺北市：大田，民104.05
面；公分.──（titan；110）
ISBN 978-986-179-391-7（平裝）

1. 激素 2. 婦女健康

399.54　　104004000

TITAN 110

【圖解】神奇荷爾蒙：

每個女生都會想知道的美膚生理學

監　修　關口由紀
撰　文　Inamo Akiko
插　畫　福地真美
翻　譯　陳怡君

出版者
大田出版有限公司
台北市 10445 中山區中山北路二段 26 巷 2 號 2 樓
E-mail：titan3@ms22.hinet.net　http：//www.titan3.com.tw
編輯部專線：（02）25621383　傳真：（02）25818761
【如果您對本書或本出版公司有任何意見，歡迎來電】
行政院新聞局版台業字第 397 號
法律顧問：陳思成 律師

總編輯：莊培園
副總編輯：蔡鳳儀
執行編輯：陳顗如
行銷企劃：張家綺
手寫字：蔣佳妤
校對：鄭秋燕、黃薇霓
美術編輯：張蘊方
印刷
上好印刷股份有限公司
（04）23150280
初版：二〇一五年（民 104）五月十日
定價：270 元

國際書碼：978-986-179-391-7　CIP：399.54／104004000

廣 告 回 信
台北郵局登記證
台北廣字第01764號
平 信

To：**大田出版有限公司　（編輯部）收**

地址：台北市10445中山區中山北路二段26巷2號2樓
電話：（02）25621383　傳真：（02）25818761
E-mail：titan3@ms22.hinet.net

From：地址：

姓名：

＊請沿虛線剪下，對摺裝訂寄回，謝謝！

大田精美小禮物等著你！

只要在回函卡背面留下正確的姓名、E-mail和聯絡地址，
並寄回大田出版社，
你有機會得到大田精美的小禮物！
得獎名單每雙月10日，
將公布於大田出版「編輯病」部落格，
請密切注意！

大田編輯病部落格：http：//titan3.pixnet.net/blog/

＊請沿虛線剪下，對摺裝訂寄回，謝謝！

讀 者 回 函

你可能是各種年齡、各種職業、各種學校、各種收入的代表，
這些社會身分雖然不重要，但是，我們希望在下一本書中也能找到你。

名字／＿＿＿＿＿＿ **性別**／□女 □男　**出生**／＿＿＿年＿＿＿月＿＿＿日

教育程度／

職業：□ 學生□ 教師□ 內勤職員□ 家庭主婦 □ SOHO 族□ 企業主管
□ 服務業□ 製造業□ 醫藥護理□ 軍警□ 資訊業□ 銷售業務
□ 其他＿＿＿＿＿＿＿＿＿＿＿＿＿＿＿＿＿＿＿＿

E-mail/＿＿＿＿＿＿＿＿＿＿＿＿＿＿＿＿ 電話／＿＿＿＿＿＿＿＿＿＿

聯絡地址：

你如何發現這本書的？　書名：【圖解】神奇荷爾蒙：每個女生都會想知道的美膚生理學

□書店閒逛時＿＿＿＿書店 □不小心在網路書站看到（哪一家網路書店？）＿＿＿＿

□朋友的男朋友(女朋友)灑狗血推薦 □大田電子報或編輯病部落格 □大田 FB 粉絲專頁

□部落格版主推薦＿＿＿＿＿＿＿＿＿＿＿＿＿＿＿＿＿＿＿＿

□其他各種可能，是編輯沒想到的＿＿＿＿＿＿＿＿＿＿＿＿＿＿＿＿

你或許常常愛上新的咖啡廣告、新的偶像明星、新的衣服、新的香水……
但是，你怎麼愛上一本新書的？

□我覺得還滿便宜的啦！ □我被內容感動 □我對本書作者的作品有蒐集癖

□我最喜歡有贈品的書 □老實講「貴出版社」的整體包裝還滿合我意的 □以上皆非

□可能還有其他說法，請告訴我們你的說法

＿＿＿＿＿＿＿＿＿＿＿＿＿＿＿＿＿＿＿＿＿＿＿＿＿＿＿＿＿＿

你一定有不同凡響的閱讀嗜好，請告訴我們：

□哲學 □心理學 □宗教 □自然生態 □流行趨勢 □醫療保健 □ 財經企管□ 史地□ 傳記

□ 文學□ 散文□ 原住民 □ 小說□ 親子叢書□ 休閒旅遊□ 其他＿＿＿＿＿＿＿＿

你對於紙本書以及電子書一起出版時，你會先選擇購買

□ 紙本書□ 電子書□ 其他＿＿＿＿＿＿＿＿＿＿＿＿＿＿＿＿＿＿＿＿

如果本書出版電子版，你會購買嗎？

□ 會□ 不會□ 其他＿＿＿＿＿＿＿＿＿＿＿＿＿＿＿＿＿＿＿＿

你認為電子書有哪些品項讓你想要購買？

□ 純文學小說□ 輕小說□ 圖文書□ 旅遊資訊□ 心理勵志□ 語言學習□ 美容保養

□ 服裝搭配□ 攝影□ 寵物□ 其他＿＿＿＿＿＿＿＿＿＿＿＿＿＿＿＿

請說出對本書的其他意見：

大田出版有限公司編輯部 感謝您！

今天也是
打圈號呢♡
April
4